影记沪上

1 8 4 3

....

1 9 4 9

孙孟英◎编著

发式百变

生活·读书·新知 三联书店

图书在版编目(CIP)数据

发式百变/孙孟英编著. —北京：生活·读书·新知三联书店，2018.1
（影记沪上：1843－1949）
ISBN 978－7－108－06135－5

Ⅰ.①发… Ⅱ.①孙… Ⅲ.①理发－文化史－上海
Ⅳ.①TS974.2－092

中国版本图书馆 CIP 数据核字(2017)第 328130 号

责任编辑　赵　炬　韩瑞华
封面设计　储　平
责任印制　黄雪明
出版发行　**生活·讀書·新知 三联书店**
　　　　　（北京市东城区美术馆东街 22 号）
邮　　编　100010
印　　刷　常熟文化印刷有限公司
排　　版　南京前锦排版服务有限公司
版　　次　2018 年 1 月第 1 版
　　　　　2018 年 1 月第 1 次印刷
开　　本　650 毫米×900 毫米　1/16　印张　9.75
字　　数　98 千字
定　　价　28.00 元

序

　　在中国乃至亚洲，近百年来上海在理发领域是最兴旺与发达的城市，曾一度引领东南亚发型的时尚潮流，被人称为美发之都、时尚之都、新潮之都。其理发业几与欧美理发业的发展变化同步。

　　从20世纪70年代中期起，笔者开始从事管理美发美容行业的工作，并对这一行业的发展与变化史进行了长期的研究、考察与挖掘；在主编和编写《黄浦区服务志》和《黄浦区商业志》的数年中翻阅和搜集了400多万字的有关资料，并采访了上海各大理发店的老板和老员工，从而获得了有关记录百年上海理发业兴衰沉浮方面的书刊报纸资料与许多鲜为人知的口述资料，使笔者真正感受到百年上海理发业在发展过程中的艰难和不易，同时从深层的文化和艺术角度审视百年上海理发业沿革过程中更深刻地认识到：百年上海理发业的发展史是一部文化和艺术史，贯穿了近代和当代中国理发业从清洁型到美化型、艺术型发展与变化的全过程，理发业的兴衰沉浮标志着整个社会在发展进程中的兴旺与衰落。

　　《发式百变》一书记录了上海百年理发业的发展史，也是一部浓缩上海发展史的写照。从书中可以了解到理发业鼻祖的由来、理发帮派的形成与争斗、上海爆发的大规模的反清剪辫运动、洋人理发店与华人理发店抢占市场的情况、西洋发型的流行与风靡等。此外,书中的照片经典、精美,照片上的人物漂亮、时尚,读者可以从这些发型照片中一睹不同时代华洋俊男靓女、名媛佳丽的漂亮发型,领略不同时代的发型特色。

百年来上海理发业引领中国和亚洲理发业的时尚潮流,在理发技术和理发艺术方面更有独特的变化与创新,设计出了数以千计、造型各异的漂亮发型,为美化人们的生活起到了积极的作用。

一部百年上海理发史,更是一部美化人们生活的灿烂艺术史。

2017 年 1 月

孙孟英

目　录

一

理发祖师的传说与早期
理发业的兴起

中国理发祖师的传说

上海二万理发师敬拜理发祖师罗真

早期走街串巷的剃头匠

早期澡堂茶楼设有固定理发部

固定理发店的出现

中国理发祖师的传说

中国的理发祖师究竟是谁？通常人们会不假思索地说"中国的理发祖师就是八仙之一的吕洞宾"。然而，在一些老一辈理发师的流传中，否认吕洞宾是理发祖师，因为吕洞宾出行为道家，而道家是不剃发的，以盘发束发为主。那么谁是理发祖师呢？在理发业中一直流传着这样一位理发祖师，他姓罗名真，人称罗祖师，远在唐朝时就在会魂山得道。

相传在唐高宗年间，武则天喜得贵子，然而美中不足的是她生了个怪孩：脸上长满了又粗又黑又密的毛毛，黑毛毛与黑浓浓的头发连在了一起，使整个头部与脸部一片乌黑，无论近看还是远看都让人毛骨悚然。由于皇子那种模样太丑陋，长得很像一头驴子，故宫里的人在私底下称其为"驴头皇子"。武则天决定让太医来治疗皇子脸上长出的"黑毛病"，希望根除黑毛，使皇子变得英俊漂亮。

然而，事与愿违，武则天请来多名太医为皇子"治病"，使用了各种"秘方"，结果皇子脸上的黑毛不但没有被"脱去"，而且越长越多，越长越长,越来越黑,这下把武则天给急坏了,她觉得那些太医的医术太差,不能再在宫中行医了,就下令把那些太医赶出宫外,并强令那些太医出宫后不得从医。

太医治不了皇子的"黑毛病",武则天就想到了宫外的那些剃头匠,想让剃头匠用剃刀把皇子脸上的黑毛剃掉,以求改变"驴头皇子"的形象,使其成为一个"正常人"。按习惯,小孩满月都要剃头,所谓剃去胎毛,重长新发,今后能长寿富贵。武则天把这一希望"押宝"在了剃头匠身上。武则天让人贴出布告,招剃头高手为皇子剃头。结果布告贴出半个月都无人敢去揭下,这下可把武则天气坏了,便又下令贴出了一张告示:若再无人揭下布告,为"驴头皇子"剃头,过了皇子满月,凡剃头匠必须改行,不得再以此行谋生,违者杀头。不少剃头高手为了生存,揭下告示进宫为皇子剃黑毛,但都因出了差错把皇子头皮剃破而遭杀头。佛门僧人罗真得知此事后,便走出庙门,徒步下山来到都城揭下告示。这天正是农历七月三十日,罗真大胆揭下告示之后就立刻被人带进了宫内,为"驴头皇子"剃头。

他拿着剃刀小心翼翼地从上往下剃,第一刀本想从额头开始,可不知是鬼使神差,还是什么其他缘故,这第一刀竟来了个中心开花,而且一刀割破了皇子的头皮。罗真吓得额角流出了冷汗,暗暗道:"这下闯大祸了,完了,完了!"

然而,人也怪,既然已闯祸了,胆子反而就变大了。罗真干脆把割破的皇子的头皮用手剥开,这一剥皮反而出现了奇迹:"驴头皇子"

的头皮被剥开后，一下变成了一个白面皇子。武则天见状不由大喜。当即要封罗真为大臣，罗真却摇了摇头。

武则天见他摇头，便问道："汝为何不愿做大臣？"

罗真曰："出家人不求功名，不贪荣华富贵，吾只求娘娘开金口，封剃头刀划破皮而伤口不烂。"

武则天欣然答应。

从此以后，剃头刀划破头皮后，果然伤口不会溃烂。罗真为太子剃头一事被视为中国有史以来的第一次剃发，故而罗真被称为理发祖师。后来，罗真死后，剃头匠定他的诞辰（农历七月十三日）为会期，禀呈京兆尹衙门和顺天府立案给予照牌，入帮缴纳帮费后发给"执照"方成为合法，由此理发业被列为百业之一。这之后，全国不少地方为罗真建堂，称他为理发祖师。在上海南市、徐汇等地也曾建有理发祖师的"罗祖庙"，每逢农历七月十三日，全市理发业停业半天，到罗祖庙祭祖。

上海二万理发师敬拜理发祖师罗真

1947年8月30日（农历七月十三日），闻名江浙沪的上海《新闻报》刊发了两则广告：一则是"上海理发商业同业公会紧要通告"，另一则是"上海市理发业职业公会通告"。其基本内容是今日全上海一千六百余家理发店全部打烊（关门），到南市斜桥"罗祖堂"举行纪念理发祖师罗真诞辰的活动。

上海理发业两大组织同时登报开展纪念祖师活动

从当天早上起,南市罗祖堂外人山人海,只见等待烧香敬拜的理发师四人一排排成了很长的队伍,所有人的手里都拿着黄色的线香柱,缓缓地前行着,没有人负责看管队伍,但是秩序井然,没有一个人插队,也没有人大声喧哗。所有的理发师都怀着一种虔诚的心来敬拜祖师,人人表情庄重,流露出了对理发祖师的崇敬之情。在罗祖堂内,高大雄伟的罗祖塑像立在堂中央,塑像前放着一排长台,台上摆放着八只香炉,长台前面的地上铺着八张锦制跪毯,堂门口有多人安排和指挥着入堂敬拜者,每批次放八人入内,规定每人只能上一炷

一　理发祖师的传说与早期理发业的兴起

香,叩三个头,随后必须迅速离开,为的是让后面的人能快些入内敬拜。

堂内香火旺盛,香烟袅袅,拜者虔诚,堂外长龙不绝。全市所有的理发师遵从职业工会早前的安排,根据自己所在区域的远近,分时段进行敬拜,从而秩序能够有条不紊。敬拜活动从早上一直到下午4点结束,共计有近两万名理发从业人员从全市的四面八方到罗祖堂敬拜祖师,这天就是农历七月十三日罗祖诞辰之日。

第二天,上海《新闻报》用较大篇幅刊登了两篇文章,报道上海理发业举行盛大的纪念理发祖师罗真的诞辰敬拜活动,一篇题为《罗祖堂香烟缭绕,理发业祀念始祖》,另一篇题为《当年剃度十大高僧,而今美化万千男女——理发业供奉罗祖》。文章对上海理发师敬拜理发祖师诞辰活动进行了全面介绍,使当时的人们得知理发祖师名叫罗真,并非八仙中的吕洞宾。

早期走街串巷的剃头匠

上海早期的理发业主要以走街串巷、肩挑担子的剃头匠为主体,他们活跃在上海的一些老城厢里。这些走街串巷的剃头匠个个都是一样的装扮,肩挑一副剃头担子。担子的一头是一个大火罐,上面的铜盆盛着热水,旁边插着一根长竹竿,竿上飘着一条米黄色的棉布,风一吹就像是一面小旗在飘扬(剃头业又被称为"飘行",而这根飘着布条的竹竿也就成了剃头匠的标志)。担子的另一头是长方形的小柜子,柜子有三个小抽屉,里面放着剪刀、剃刀、梳子等理发用具,剃头时把柜子往地上一放,就变成了客人坐的凳子。那时的剃头匠虽然在剃发和理发方面没有很大的发型变化——以剃发蓄辫为主,但要真正成为一个剃头匠还要掌握多种技能,如梳(梳长发)、剃(剃头发)、编(编长辫)、刮(刮剃胡须)、剔(翻眼皮)、接(接脱臼)等,同时还要会捏、拿、捶、敲、按、挖等手艺活。那时,剃头匠被称为半个郎中。剃头匠只有掌握了这些本领,才能挑着剃头担子走街串巷混饭吃。因为剃头客需要得到身体的舒服和享受,所以没有多种本领的剃头匠是不会有顾客邀请上门剃头的。

早期走街串巷的剃头师傅在为顾客剃发编辫

一 理发祖师的传说与早期理发业的兴起

早期上海的剃头匠主要来自湖北、安徽及江苏扬州,他们在上海的老街上摆摊或行走叫喊。一些手艺好的剃头匠都有固定的老顾客,只要时日一到上门剃头就行,有时还能获得一些客人给的小费和物品,小日子还能过得红红火火。在逢年过节或有钱人家办喜事邀请剃头匠上门剃头时,他们不但能拿到双份剃头钱,还能获得赏钱,这是剃头匠最乐意上门服务的美差。

早期澡堂茶楼设有固定理发部

晚清时期,在上海的老城厢和租界内的一些小巷小弄内开设有不少的澡堂和茶楼。那时普通市民和官绅家里没有淋浴房和卫生间,通常冬天洗澡都到澡堂沐浴,澡堂成了人们生活中清洁身体的必去场所,而剃头理发也是为了清洁身体,故而澡堂增设了剃头部,这样方便了浴客,浴客剃头后可以洗一个干干净净的澡,使自身舒适、精神焕发。澡堂的剃头部(后改称理发部)成了市民的固定"理发店",特别是一些官绅的头发,长了之后就喜欢到澡堂剃头理发,享受剃头师傅一番舒畅的敲背、挖耳、按摩,随后洗个热水澡,活活血、舒舒筋骨;睡一觉,如神仙般飘飘然、心旷神怡。

晚清时,茶楼内也有盆汤洗澡和剃头部。茶客早上喝早茶,下午喝午茶,到茶楼喝茶的人大多是家庭经济条件不错的中老年人,他们在那儿喝茶、聊天、说说小道消息、谈谈家常。可以说,在茶楼剃头理

剃头师傅在为顾客剃发

一　理发祖师的传说与早期理发业的兴起

剃头师傅在为顾客挖耳、按摩

发和洗澡也是一种生活的享受。另外茶楼是三教九流的集散地,往来人多,在茶楼里增设一间理发室,使之成为固定理发场所,既方便茶客理发,也能为茶楼增加经济收入。

在澡堂和茶楼的理发部里执刀剃头的师傅大都是扬州人,他们不拿工资,只是按剃头的人次来获得报酬,即按收费拆账,基本以三七分成为主,偶尔也可获得小费,澡堂和茶楼老板每天还要为其提供中午与晚上的饭菜。

起源于澡堂和茶楼内的这种理发部,当时尚属于一种派生"产业",一个附设的赚钱的服务项目,没有独立的招牌和门面,只在大门口写上"剃头梳辫"就算是"招牌"了。据记载,清同治年间(1862年~1874年),英租界英大马路(今南京东路)旁盆汤弄内"畅园"和"亦园"两家澡堂设有剃头间,专门为洗澡客人剃头梳辫,也对外剃头梳辫。这些澡堂的剃头间很简陋,一张长凳、一块方镜、一条围布而已。剃头匠所使用的工具也非常简单,仅一把剪头发的大剪刀,一把剃前部头发的粗柄剃刀,并没有什么轧刀和吹风机。

固定理发店的出现

到了19世纪末20世纪初,国人自己开的剃头店逐渐出现。1906年,一名广东人在法租界现金陵路上开设了一家名为玉记堂的剃头店,店内设备和理发用具已比澡堂和茶馆的剃头间要"先进"一些,主要设备和剃发用具有四个木方凳、一个木面盆架、两只木制面盆、四块镜子、几条蓝布毛巾、一只小煤炉、一只铁锅、四把木柄剃须刀、四把剪刀、一条刮刀布、一块磨刀砖。服务项目以剃须和打辫为主。在当时能进这类剃头店剃头梳辫者是经济条件属"富裕"阶层的人,如开小饭店、杂货店的小老板,洋行里的小职员等,他们是当时剃头店的主要消费对象。

之后,街市巷里开设的理发店逐渐增多,其中注册登记、装潢精美、理发师技术娴熟的高级理发店有 26 户,分别是汉记(南京路 436号)、福记(九江路 222 号)、长春堂(汉口路 76 号)、成记(汉口路 5号)、兴汉(广东路 305 号)、隆记(广东路 54 号)、福记(公馆马路 151号)、王记(广东路 224 号)、有记(北海路 113 号)、怀记(北海路 65号)、合记(浙江路 554 号)、中华公司(河南路 171 号)、金记(老永安街 10 号)、华协(新永安街 29 号)、老万人(公馆马路 147 号)等。

这些理发店所用的理发用具大都是法国播泉厂的纯钢象牌剪发剪子、削发剪子、梳子、刷子等洋工具,使用的化妆用品以雪花膏、生发油、三花牌头蜡为主。服务项目有剪辫、修发、剃面、洗发四项。服务价格:成人剪辫二角、修发一角、剃面五分、洗发五分,小孩半价。发式为前额刘海一刀齐,同时开始梳理开缝"小分头"。这种发式是从洋人发式中模仿而来,成为我国剪发以来的第一种带洋味的发式。

二

辛亥革命前后的上海剪辫潮

　　辛亥革命前夕，上海社会各界对清朝剃头蓄辫这种丑陋的"国范"已是嫌弃与讨厌至极。朝廷内外的有识之士纷纷向朝廷上奏，强烈要求剪辫，随之剪辫之声此起彼伏，响彻朝野内外。宣统庚戌年（1910年）十一月十五日《申报》第四版刊登了一篇题目为《剪发案全体表决》的文章，内容如下：

　　　　初八日，资政院特任股员开会济查剪发一案全体表决，而尤以牟琳、文苏、陈懋鼎诸人主张最力，当讨论之，议谓将来海陆（海陆军）两万无留发之理，皇上为海陆军大元帅，宜首先剃发为天下倡。牟琳谓现在军、学、工、商各界率剃发势遏止，宜请朝廷明降谕旨，令内外臣一律剃发，以新天下，耳目……

　　由此可见，在清朝宣统年间就有朝廷官员大胆提出了剃头剪辫的倡议。上海由于受欧风美雨的影响，是中国最早发起反清剪发运动的大城市，在辛亥革命前后涌现出一阵阵剪辫浪潮，为全国起了带头作用，为理发业的发展与兴旺起了推动作用。

清朝外交大员伍廷芳带头剪长辫

1910年，一个秋末的深夜，一阵阵凄凄的秋风，呼呼地吹刮着上海城。此刻，上海已进入昏昏的沉睡中，死一般的沉寂。黑洞洞的大街上，看不到车辆和行人，就是在这样一个夜深人静的时刻，有一批敢于冲破清朝"禁锢"的人正在酝酿着一场震惊中外的剪发运动。

在法租界霞飞路（今淮海路）上的一幢法式洋房里，此刻灯火通明，人头攒动，群情激昂，一阵阵慷慨激昂的讲话声，不时从房子的窗口传出。屋内有一百六十多人，有的站着，有的坐在凳子上，有的坐在地上，也有的坐在楼梯上，把不到一百平方米的客厅挤得水泄不通。在经过一阵阵喧杂的议论之后，人群中走出一个头戴官帽、梳着长辫、上穿绸缎上衣、下着黑色绸裙、脸肤白皙、身材瘦长、五十岁上下的男子。他不是一个普通的百姓，而是清朝外务侍郎（清朝负责外交事务的高级官员）伍廷芳。伍廷芳走到屋中央，扫视了一下众人，又沉思了片刻，随后大声道："诸君，今由上海慎食卫生会假鄙人之寓所，召开剪发会议，这乃是鄙人的光彩，真是不胜荣幸。"伍廷芳说完了这一客套的开场白之后，头习惯性地摇了摇，甩了甩肩后的长辫又道："自从外国列强入侵吾中国，签订了一系列不平等条约之后，并视吾中华民族为劣等民族的象征，使吾中华民族在国际上抬不起头，被人瞧不起!"伍廷芳高着嗓门，激动地说着，头不时地摇动着，脑后的长辫不停地左右晃动，仿佛是他讨厌透了头上的那条辫子。"留在头上的这条辫子，是留在中国人头上的耻辱!"伍廷芳把辫子抓在手中，表情更加激动地大声道："诸君请看，这条缠绕在中国人头上的辫子，就像一具特别的精神枷锁，整整束缚了中国人二百六十多年了呀！这条辫子是中国人受尽耻辱的二百六十多年，一定要将它彻底剪断！"

"我们不怕杀头，宁断头也要剪掉头上的辫子！谁也休想拿'杀头'二字来吓唬我们，我们天不怕，地不怕！"伍廷芳坚定地说，脚狠狠地踢了一下桌子，发出了"砰"的一声响，这声响就像是一枚炸弹发出的。

1910年12月15日中午，参加剪发大会的人像潮水般涌入张园，很快把能容纳一千多人的会场挤得满满的而无插足之隙。到了下午1时左右，张园会场已被几万人围得水泄不通，会场附近的马路也被人群阻塞。参加剪发大会者，除大部分工人市民外，还有许多是上海的军、警、商、学等界的著名人士。一百多名前来采访的外国记者，也大多在午饭前就到达了会场，忙着采访、拍照、摄像，准备回去后将之展览、登报或放映。

下午1时30分，剪发大会在上海慎食卫生会会长黄长根的主持下开始，他宣读了《告同胞书》：

　　同胞们，留在中国人头上的长辫，至今已有二百多年，这条长辫就像一条盘缠在国人脖子上的毒蛇，时刻威胁着汉人的生存；同时，也是汉人受耻辱的二百多年。自从外国列强侵占吾中华以来，头上的长辫更成了洋人视吾中华民族为世界劣等民族的象征，从而使国人受尽了洋人之欺凌。在国外，这条长辫更招来了歧视的眼光，洋人在大街上可以任意辱骂、殴打吾华人，使吾国人在洋人面前抬不起头。现在是到了该剪掉头上这条毒蛇般的长辫的时候了！剪掉吾国人头上的奇耻大辱，吾中华才

清朝外交大员伍廷芳

二　辛亥革命前后的上海剪辫潮

能扬眉吐气。

读完《告同胞书》后,会场里响起了一阵口号声:

"剪掉长辫,洗雪耻辱!"

"剪掉长辫,振兴中华!"

……

在呼口号的同时,伍廷芳走上台,发表了简短的书面演说:

　　剪掉发辫,已到了刻不容缓之时。同胞们,赶快行动起来,剪掉头上的长辫,剪掉国人的奇耻大辱,为吾国家之独立,民族之自信,创造伟大的精神条件吧!

会场又响起了一阵热烈的掌声。

演说结束后,剪辫就开始了。伍廷芳右手拿着一把大剪刀,左手抓着脑后的辫子,使劲地剪起又粗又长的辫子,一下、两下、三下……此刻会场里一下变得鸦雀无声,似乎只能听到人的呼吸声,人们的眼睛一眨不眨地注视着伍廷芳。这时,突然从台上传来了一声剪刀上下刀口撞击时发出的"咔嚓"声。

"辫子剪掉了!"

"伍大人把辫子剪掉了!"

会场里一下又沸腾起来了,叫喊声、鼓掌声、议论声混合成了一首"狂响曲",在会场上空回荡着、撞击着。

……

随后，一批又一批剪发者涌向会场，人山人海，使这次剪辫运动场面显得特别壮观，满地的辫子越积越多，越堆越高……

社会名流引领剪辫潮

辛亥革命后，上海又掀起了一股剪辫浪潮，一些有识之士和社会贤达想出了许多让人自愿剪发的奇招。

在南市小南门有人假座学校、会所召开剪发大会，邀请社会上的名流亲临会场，为那些不敢剪发的人讲道理，消除胆小怕事者的顾虑，同时还邀请有一定手艺的理发师执刀，为自愿理发者免费服务，绝不强迫人剪辫，但给每位剪辫者烟抽，从而吸引了无数市民踊跃剪辫。

在法租界，一些在洋行工作或留学归来的商人早就视留长辫为民族的无知与耻辱，大有痛心疾首之感，纷纷自行联络发起和组成了"剪发宣讲社"，在法租界内走街串巷，宣传剪发的好处与对振兴民族的重要性。"剪发宣讲社"的人员走到哪里就宣讲到哪里，他们在经过沿途的商店时，只要见有人留着长辫，就派人员进入店内主动与留长辫的人交谈，耐心劝说其把辫子剪去。"剪发宣讲社"人员在沿街宣讲过程中，有时会碰上一些穷苦的市民无钱剪发，他们就出钱陪着他们去理发店剪。如遇上留着长辫的乞丐，理发店不愿为他们理发时，"剪发宣讲社"人员就出钱把他们送到小的澡堂，让其洗澡后再由澡堂内的理发师为他们剪辫。如碰上一些"敲竹杠"的乞丐"不愿意"剪辫时，"剪发宣讲社"成员除付剪发钱外，还要倒贴"请客钱"，即给吃一碗阳春面的钱。在"剪发宣讲社"人员的辛勤奔波与积极努力

上海社会各界名流参加剪辫大会

下，在法租界很快就见不到脑后垂着粗黑长辫的中国人了。

大老板出钱劝人剪辫

在公共租界，一些有钱的中国商人为了响应军政府剪发运动的号召，铲除清朝统治的"根基"长辫，发泄对封建制度的愤怒，在租界内组织了"剪辫雪耻会"。他们利用租界内公所、书场和戏馆多等优势，花钱包场子举行"剪辫宣传会"，邀请有名的艺人和租界内的理发高手到场，而且租界内的市民无须买票即可入内参加"剪辫宣传会"。

剪辫会开始前，有艺人在台上表演说书段子，以提升人气。当场馆内"观众"爆满时，"剪辫宣传会"就开始了。主办者中的重量级人物先上台慷慨激昂一番，随后宣布吸引人的"会议程序"。首先由租界内的洋人理发高手和租界内的华人理发高手联袂为场内的留辫市民免费剪辫理发；其次等场内剪辫结束，免费让剪辫者观看一场大戏。对于居住在租界内的普通市民，尤其是穷苦而从未进入大戏馆看过戏、到大书场听过说书的市民来说，这种"剪辫宣传会"真是一件美事。他们无不感到捡到了便宜而兴奋不已，争先恐后地急等剪辫理发，随后看大戏。

剪辫理发不要钱，还能免费在漂亮舒适的大书场听说书、在大戏馆里看大戏，这真是太吸引人了。一时间租界内留着长辫的普通市民都涌向书场、戏馆、公所举行的"剪辫宣传会"，使一些书场、戏馆、公所人满为患。"剪辫宣传会"组织者们不得不采取发券的方法控制人数，同时增加了"剪辫宣传会"的场次，以此缓解剪发者集中的压力。

由于公共租界内商人们的慷慨解囊，数十日之后在公共租界里就几乎看不到留有长辫的中国人了。

小老板们出妙招使人剪辫

在公共租界，一些从事商业、服务业的小老板也出于一种对清朝统治压迫的愤怒，面对军政府发出的剪辫告示无不坚决拥护。他们虽自身财力有限，但自觉自愿地投入到风起云涌的剪辫运动中，力所能及地做了一些好事。

一些开设小澡堂的老板为了让那些穷苦的人不花钱剪辫，专门在澡堂内隔出一间理发室，让店内的理发师为穷人免费剪辫理发。为了吸引更多人剪辫，澡堂小老板还推出了"剪辫送洗澡"服务项目，即凡在澡堂内剪辫，除不收一分钱外，还免费提供一次沐浴。有的甚至还增加免费项目，如擦背或扦脚等，这样一来就又有了吸引力，使更多人前往澡堂剪辫。

一些开茶馆的老板也跟着推出了"免费剪辫的招数"，专门为留长辫的老茶客推出了"剪辫理发不收费"的服务，同时奉送一壶好茶，让老茶客品尝。即使不是老茶客，剪辫同样免费，并赠一壶免费好茶。在这些茶馆老板中有一个名叫徐志棠的人非常气派，他在公共租界会审公廨隔壁自己开设的畅园茶馆内附设了一个义务剪辫室，对外号称"义务剪辫会"，并在茶馆大墙上张贴了启事，内容很简单，

但确实非常吸引人,内容如下:

> 凡在三天之内自愿入会(室)剪辫者,不收分文,而且另赠大肉面一碗,以助兴趣。

这张启事贴出不久,就引来了许多剪辫者。这些剪辫之人大都是一些衣衫褴褛、满脸污垢、携儿挽女要饭吃的乞丐。这些人剪辫是为了获得一碗大肉面填饱一家人的肚子。而获得一碗大肉面,对饿肚子的乞丐来说,比听说书、看大戏或是洗一次澡要来得实在得多,因而到畅园茶馆剪辫的人比到澡堂和其他茶馆的人多了很多。畅园老板徐志棠为顾客免费剪辫,花费了不少大洋,该茶馆和老板的名声也随之增大。

公职人员自发组织剪辫团

在闸北等地方,一些公所人员、神职人员和教职人员等,都在各自的领域内自发组织了"剪辫团"或"剪辫社"。闸北有一个自治公所,该所人员自发成立了一个名为"剪辫义务团"的剪辫团体。该团体有近百人,成员每人拿出一块钱作为团体活动基金,并向警察局禀报,要求其派警察跟着"剪辫义务团"沿街道劝人剪辫并维持秩序。"剪辫义务团"花钱雇了十名理发师,只要路见有留长辫的人,就上前耐心温和地劝剪,只要对方同意就由理发师随地而剪,不收分文。此外,被剪者如不要剪掉的长辫,还可获三个铜板。对当时穷人居住密度很高的地方来说,免费剪辫所受到的欢迎程度是可想而知的。一时间,免费剪辫及不要剪掉的长辫还可获三个铜板的消息传遍了闸北的各个棚户区。"剪辫义务团"中的十名理发师在街上摆放了摊位,每位理发师的摊位后都排了长长的队伍,这种人头攒动、人声鼎沸的场景不亚于一些城厢里赶集市、赶庙会的热闹情景。

然而,具有讽刺意味的是,在为"剪辫义务团"维持秩序的警察中,有一个中年警察自己竟没有剪辫。他把自己的长辫盘在头顶上用帽子扣住,但由于帽子的顶部隆起,被排队等候剪辫的人看出了"破绽",那个人就叫来了"剪辫义务团"的人员和其他维持秩序的警察,强令那个警察摘下帽子,于是真相毕露,引起了众人的愤怒与指责。作为劝说他人剪辫的警察,自己却隐辫不剪,真是太可恶了,众人纷纷揪住他的衣服和辫子,要求立刻将其辫子剪掉,以平"民愤"。在众人的愤怒声中,那位中年警察无奈地在理发摊前低下了头,让理发师剪掉了长辫。

有趣的上海剪辫故事

一、沪军都督剪辫布告

上海在1911年(辛亥年)刚刚光复的时候,发生了两件有趣的事。一件是各商家赶紧把市招中"满汉首饰""满汉酒席""满汉茶食"中的"满"字刮去,然后又在刮去的地方添上一个"新"字,变成"新汉首饰""新汉酒席""新汉茶食"等字样了。另外一件,就是剪辫运动的紧张与热闹。

上海军政府晓谕百姓的剪辫文曰:

> 自汉起义,各省响应,凡我同胞,一律剪发,除去胡尾,重振汉室。

军政府既已晓谕百姓,民间于是出现了强迫剪辫的行动。行动的地点起初都在城厢内外,后来才扩展到上海的各处。执行这种强迫行动,将人在路上拦住拖住,硬剪掉人家垂于脑袋后面的发辫,以兵士为最多,间有"好事之徒"附和,于是弄得留辫者人心惶惶,大有行路之难了。为此,当时沪军都督陈英士一方面再出劝谕自剪的文告,一方面严禁强迫。

陈都督的劝谕告示,说得很沉痛,尤以"除此数寸之胡尾,还我大好之头颅"两句,最叫人痛快。全文如下:

> 照得结发为辫,乃胡虏之殊俗,固地球五大洲所无之怪状,亦历史数千年来未有之先例。满清入关,肆强迫之淫威,使我同于胡俗。试披发史,凡我同胞之乃祖乃宗,因此而受惨杀屠戮者,不可胜数!固吾同胞二百六十余年来所痛心疾首,忍垢含辱,欲复斯仇而不得其机遇者也!今幸天福中国,汉土重光,凡有血气者,追念祖宗之余痛,固莫不恐后争先剪去发辫,除此数

寸之胡尾，还我大好之头颅。而一般下流社会无知识之辈，犹复狃于积习，意存观望，迭搪各团体或个人来府禀请，严申禁令。本都督深不愿以强迫之命令，干涉个人身体之自由；但长此因循，殊非正体，且不足以表示万众一心渴望共和之至意。为此，出示晓谕，仰各团体苦口实力，辗转相劝，务使豚尾悉捐，不惹胡儿膻臭，众心合一，还我土国衣冠。本都督实有厚望焉。望诸同胞其各勉旃！（十一月初十日）

陈都督一方面移文民政长、警务长关于查拿强迫剪人发辫的人，另一方面提及了发辫之仇以及它与共和有关的话，来劝告人们自剪。

租界华人方面，初未踊跃参加自剪运动，外交总长伍廷芳以为临时大总统已经举定，共和政体成立在即，汉族人民均已将发辫剪去，唯公共租界工部局及法公董局势力范围以内之华人尚未剪辫，未臻完善，乃函商该两局董事，允准租界内华人自由剪发，不加阻止。

二、义务剪发一斑

剪发一事，已是刻不容缓，于是义务剪发就风起云涌。首先起来的是小南门内的群学会，其于12月28日（十一月初九）召开了一次义务剪发大会，南城一隅的人们因之剪去发辫者不下数百人。之后，其又于31日（十二日）上午10时至下午2时假座榛苓学校再开了一次。此次大会上提及了剪发的两种办法：剪学生头的，概不取资，由各同仁分任义务;要剪成美观而分头路的,那就取资一角,特请文明理发匠执行其事。有志剪发的,大家就一起去了。

此外,还有通俗宣讲社联合东南城地方会。其于 12 月 31 日(十一月十二日)在大东门火神庙举行"剪辫易服会",到者千余人。会上先由发起人袁颂丰做报告,继之以大家一番慷慨激昂的演讲,结果三百多人就剪了发辫。剪辫的费用由会场中的义务剪发处承担。

闸北方面,有个自治公所于 12 月 30 日(十一月十一日)设立了义务剪辫团,并禀请警局派警员同团员沿路去劝人剪辫。

三天工夫,总计剪辫者二百五十四人,其中有五十人捐辫助饷。

三、光复实行剪辫团

有个同义务剪辫团体相对立,且大规模进行剪辫行动的光复实行剪辫团。它由陈瑞、吴鼎、程廷晋等三十三人发起。成立之初,他们发表了宣言,内有"本满腔之热忱,尽开导之义务,语言须求其和平,手段不形于激烈,总期洗清腥臭,铲绝奴根,以达实行剪辫之目的,增我民国之光辉"的话。他们还制订了十条简章,痛诋发辫为鞑虏之丑制、世界之怪状,须实行剪除,以扬国光;以沪军招待所同志组织之;逢人开导劝剪,绝不稍用强迫;团员团费规定以一元为备剪基金,入会手续则由团员介绍,经会认许。

剪辫大事,竟然会有这样一个团体来"柔声低呼",倒也是件令人钦佩不已的事。

四、剪辫趣话数则[①]

现在应该来说几桩剪辫的趣事了。

一桩是有个城内周德昌砖灰行主周颂清到警局去报告,说是有多人闯进店内强迫剪辫,而结果抢去水烟袋一只,请为查缉。

其次,小东门有个巡士,将发辫盘于帽内,掩人耳目,却被商团窥出了破绽,逼令该巡士将警帽取下,于是真相毕露,看众大哗,说你们劝人除去"胡尾"[警务长在 12 月 30 日(十一月十一日)刊就简示,令东西南各区巡士劝谕人民剪辫],自己反倒来掩饰欺人,实属可恶!说罢,将该巡士的油发大辫揪住,要代他剪去。经该巡士再三恳求,请宽假一天,准于次日自行剪除,"众始散去"。

还要有趣的,要算周延龄被人家剪去发辫不算,而且连手上的戒指也被人抢去,愤而去投禀警局的一回事。警务长穆湘瑶批复得妙,颇为幽默:"查结发重辫,满清特制。兹值川岳效灵,河山光复;倘念入关之令,痛彻祖先,满奴豚尾之讥,腾笑万国。亟应亲自剪除,岂容意存观望?今该生以途遇民军,险遭意外:抚指尖之金戒,居然不翼而飞;搔头上之青丝,竟已及锋而试。投词控诉,措语离奇,在该民军固不应以强迫手段,为剪辫之人;在该生亦不应以奴隶心肠,为保辫之举!且所遇是否民军,究难臆断,倘所失者果系金戒,亦复谁尤?所请追究,碍难照准!"

---

① 引自《上海研究资料》,上海书店出版社,1984 年,第 552 页。

当周延龄看到上面的批驳,脸上现出的那种可怜的样子,我们不难想见。

至于因强迫剪辫,以致冲突起来,闹到公堂上去的事,也很多,很有几桩"幽默得很"的,姑举一例,以结束本文罢:

"洪子昌扭控张德胜、张克仁、孟朝山等强剪发辫一案,1912 年 1 月 4 日(十一月十六日)经会审公堂提讯。张等供,因劝洪剪发不允,故代剪去。中西官以张等已在押数日,从宽释放。"

这就是上海剪辫潮出现与兴起的历史写实故事。

三

上海理发业三大帮派的形成与竞争

湖北帮理发师决斗安徽帮理发师

广东帮理发师以西式发型独占租界

扬州帮持「绝活」赢天下

　　一个行业的发展,必将有同行之间的各种各样的竞争,物竞天择,优胜劣汰,适者生存。在上海理发行业初期的发展中,同样充满着竞争。

　　辛亥革命后,理发业的市场越来越大,各地的理发师纷纷来到上海寻求"谋生"或"发财"之道。上海理发业随之出现了行业帮派,有苏北帮(即扬州帮)、广东帮、湖北帮、安徽帮、浙江帮等近十个大小帮派。但在这些帮派中最有代表性的是扬州帮、广东帮和湖北帮。这三大理发帮派都有各自的特长和地盘,也有各自的消费对象。

湖北帮理发师决斗安徽帮理发师

　　上海南市区的小南门、小东门及老北门,曾经是湖北帮理发师的经营领地。那里主要生活着从苏北、安徽、山东、湖北等地逃难来上海求生的贫苦穷人,这些穷苦逃难者几乎都没有文化,主要从事一些苦力工作。他们有的在江边的码头上当搬运工,有的在车站码头当挑夫,有的拉黄包车等。湖北帮理发师主要就是为这些苦力提供剃头服务。

在南市的湖北帮理发师中，有一个老大，名叫张大宝。辛亥革命后，他和一帮湖北剃头匠开始在上海南市一带闯荡，在多年的打拼中站稳了脚跟，开辟了他们的一片天地。以张大宝为首的一帮理发师个个都精通武功，舞刀弄枪是他们剃头手艺之外必须掌握的立足本领。在那个各类帮会林立、生存竞争激烈的混乱年代和大鱼吃小鱼的社会里，拳头就是真理，武功就是立身之本。湖北帮靠的就是硬朗的拳头，在上海南市打出了一片天。当时在上海就流传着这样一句顺口溜"天上九头鸟，地上湖北佬"，以此形容湖北帮的一种凶狠敢打敢拼的烈性，故而当时在上海混饭吃的各个帮派见了湖北佬都要避让三分。

辛亥革命前，安徽帮剃头匠先于湖北帮剃头匠占领了南市一带。湖北帮是后到的南市。为了求生存湖北帮就在安徽剃头帮的领地设摊剃头或走街串巷。这种行为在非常讲究"领地"界限的帮派中是极为犯忌之事，被视为侵犯"领地"、抢生意、抢活路，是一种极大的挑衅，是令人无法容忍的！以安徽剃头帮帮主杨大力为首的剃头匠们在安徽同乡会召开了一场维权誓师大会，面对外帮入侵，他们个个同仇敌忾，要求帮主杨大力带领众剃头匠兄弟把前来抢饭碗的湖北剃头帮赶出他们的南市领地。

由此，安徽帮与湖北帮短兵相接，一场激烈的理发帮派间的大战就此打响了。那是民国元年（1912年）初夏的一个早上，湖北帮剃头匠们依旧在南市的小北门、小东门、小南门等地设摊或走街串巷寻找客源，以此赚钱养活一家老小。他们只想着寻找生意，从未有领地概念。他们以为,在上海人人都可以干活赚钱,不存在地域的归属之分。然而,当湖北帮剃头匠们三三两两地在南市安徽帮剃头匠的"领地"寻找生意,像入无人之地时,积怨已久、满腔愤怒的安徽剃头帮和其家属及同乡组成的一个个战斗小队就会对湖北帮剃头匠大打出手。他们只要在马路或弄堂口看到有湖北帮的摊头,就打砸抢,不让其设摊;看到有走街串巷的剃头匠,就冲上前毁坏他们的剃头挑子。他们会一连几天对湖北剃头帮采取行动,且明确告诉湖北剃头帮不得进入南市安徽帮占的所有领地抢他们的生意,否则见一个打一个,见两个打一双。

湖北剃头帮面对这一突如其来、凶狠无情的打击,深感生存面临危险,生命面临严重威胁,退让、忍耐、逃避是不能解决问题的,唯有争取才有生路。湖北剃头帮决定通过其他帮会人员安排帮主张大宝与安徽剃头帮帮主杨大力见面讲和,以求井水不犯河水,大家共求生存、相安无事。毕竟人都要讲个先来后到,人家先占地为王,是这一领地的地头蛇。老话说"强龙不压地头蛇",故张大宝只好低三下四地同安徽帮求得共存,也不想真刀真枪地大打出手,一打必定双方都要付出死伤的惨重代价。然而,湖北剃头帮帮主张大宝的上门讲和遭到了安徽剃头帮帮主杨大力的欺辱和嘲骂,并怒骂湖北剃头帮是强盗,勒令他们必须离开南市,否则只要见到湖北剃头匠就拳脚相加,毫不留情。

面对安徽剃头帮帮主的无礼、无情及恶狠狠、盛气凌人的对待,湖北剃头帮帮主的肺都气炸了,恨不得冲上前狠狠打杨大力两记耳光,只因在对方地盘上,对方人多势众,只好好汉不吃眼前亏,强忍即将爆发的心中怒火匆匆离去。张大宝回到自己的住址后,立即把"协商"的结果告诉了湖北剃头帮的众兄弟,众人听了愤愤不平,个个怒火燃烧,所有的人都发誓要以牙还牙,与安徽剃头帮决一死战,一定要争出一条活路、一片生存天地。

湖北剃头帮采取了针锋相对的策略:凡是安徽剃头帮设摊的地方他们也设摊,而且不停地叫喊招徕顾客,并故意压价使顾客来找湖北剃头帮理发。安徽剃头帮见状非常气愤,很快叫来了同乡来砸湖北帮,而湖北帮早已做好了迎战准备,当双方人员相遇时,一场赤手空拳的较量开始了。人数上是安徽帮略占优势,在你一拳我一脚的混乱打斗中,强悍凶猛的湖北帮在人数少于对方的情况下,以重拳铁脚打败了安徽帮。此后又经过几番较量,最后以张大宝为首的湖北剃头帮用武功征服了以杨大力为首的安徽剃头帮。安徽帮做出让步,同意湖北帮在他们的地盘上设理发摊做生意,大家和平相处,共求生存。

湖北剃头帮在南市一代站稳脚跟之后,他们拿手的刀剃大光头、大胡须的本领博得了从事苦力工作的底层顾客的青睐。他们个个刀工不凡,锋利的大剃刀拿在手里一上一下,动作娴熟,剃出的大光头犹如煮熟剥了壳的鸡蛋光滑发亮,被剃过的脸蛋用手摸上去滑爽得像沙皮打过一样,故湖北剃头匠有"天下第一刀"的称号。车夫、码头工等都是干体力活的,每天出汗多,因而都喜欢剃光头,而且这样干净省事,不用天天洗头,再加之剃光头收费低,为此湖北剃头帮赢得了普通的顾客。

湖北剃头帮还个个身怀推拿按摩的绝技。他们会为每个理发的顾客进行一番按摩或推拿，对一直从事体力活的顾客来说，能松松筋骨活活血脉也是一种健康享受。不少挑夫及捐大包的码头工人不小心扭伤腰时，就去湖北剃头帮摊位剃发并做一番推拿，以此治腰伤，因而湖北剃头帮深受底层顾客的喜欢。在当时医疗水平低下、穷人有伤无钱治疗的年代里，湖北帮的那种靠推拿按摩治伤的手艺确实很受人青睐，故他们又被人称作半个郎中。

湖北剃头帮就是靠硬朗的拳头、非凡的刀工及推拿绝技得以在上海这个充满暗流与争斗的大都市里生存的。

广东帮理发师以西式发型独占租界

辛亥革命之后，剃头剪辫在上海风行，理发业的发展十分迅猛，各种各样的理发店和理发固定摊位如雨后春笋遍布大街小巷、弄堂和码头。然而，当时理发师的新式理发技艺普遍不高，他们基本上只会剃光头或剪短，能打理漂亮造型及具有美感的新式发型的理发师很少，只有洋人理发师才精于理出各种有美感的新式发型。当时，国人称洋人理的发型叫西洋式发型，后又叫文明发型。然而，善于捕捉商机的广东人纷纷开始闯荡上海，在公共租界和法租界的主要商业街上开设理发店，抢占上海的理发市场。上海又出现了广东理发帮。

从 20 世纪一二十年代起，精明的广东理发师开始涌入上海。一些在香港理西式发型的广东理发师,瞄准了上海这个远东第一大都市的无限商机,争先恐后进入上海开设理发店,抢占上海这个蓬勃兴旺的理发市场。广东理发师大多在香港从业,他们的理发手艺都是从西洋人那里学来的,而香港又是英国的殖民地,不受清朝政府管控,那里的华人与洋人不用剃发蓄辫,那里的理发师个个都理西式发型。他们不仅会用剪刀剪发,而且还会使用手轧刀理发推子理发(手轧刀在剃发蓄辫那个年代根本没有用),仅这一理发技能就胜过了当时传统的以剃刀为主的上海理发师,更何况广东理发师还能理出各种不同的发型式样,其优势与特点非常明显,在当时上海滩的理发行业中可谓独树一帜。在公共租界和法租界里,光顾广东人开设的理发店的顾客都是一些老板或洋行的高级职员,因为有钱人讲究发型漂亮,特别是受过西洋文化教育的人更是崇尚和喜欢洋派摩登发型,所以广东理发店的生意要比其他帮派的理发店兴旺。

在上海滩众多广东人开设的理发店中,要数法租界法大马路(今金陵路)上的巴黎理发店和公共租界二马路(今九江路)上的香港理发店生意最兴旺。这两家理发店的老板都是广东香山县(今中山市)人,所聘用的理发师全部都是广东人(几乎都曾是在香港从事多年理发工作的一流人士),再加之理发店环境优美,设备设施先进且布置干净漂亮,对当时的有钱顾客很有吸引力。两家理发店当时推出了西式"三七开发型"和"中分式发型"。此两种发型以干净、自然、新颖及美观而深受爱美青年男女的喜欢。不少爱美者慕名前往这两家理发店理西式发型。当时,不少上海人称巴黎理发店和香港理发店为西洋理发店。到这两家理发店去理发,是一种高品位与身价的体现。

此外,香港理发店的老板第一个推出了火烫发型(从法国理发师学习而来)。该发型是把客人的头发经过一番精心剪修后,再把铁夹子放火里烧热,随后再用湿布在火烫铁夹子上擦一下(去掉一定温度),然后用梳子一层层一缕缕地夹头发,使头发在高温下变形显现出一缕缕的小波浪形状,使整个发型从上到下波纹相连,起起伏伏,再在发型上抹些头油,使头发变得十分油亮。整个发型看上去美观大气,一度风靡全上海。当时这种发型又被人称作"水纹式发型",这是因为头发经火烫后形成的一波波起伏状与河水中的涟漪有相似之处。

南京路上的永安公司、先施公司等大商店的大老板、商贾巨富及企业的高级职员纷纷慕名前往香港理发店理发,使香港理发店每天门庭若市,生意兴隆。此后,香港理发店老板为扩大规模,赚取更多的财富,先后又在静安、虹口等地开设了多家理发店,且每一家理发店都是顾客满堂,生意兴隆。

在20世纪一二十年代里,凡在上海开设理发店做生意的广东帮理发师几乎都赚了大钱,没有亏损的,这同他们精于理发技术及睿智的经营有直接关系。

扬州帮持"绝活"赢天下

在20世纪一二十年代,扬州帮的理发技术比较全面。理发师的剃刀功夫、剪刀功夫和轧刀功夫都很好，而且他们对新的东西吸收快，既会剃光头，又会理西式发型。他们理的最有代表性的是男子"大圆式"发型（后俗称"马桶式"发型）。该发型造型独特、美观，在当时很受青睐。除此之外，不少扬州帮理发师过去曾在澡堂理发室从业，推拿、按摩、接臼等都是他们的绝活，被人称为"半个郎中"，因而这也是赢得消费者的一个重要方面。

扬州帮的"势力范围"遍布上海各城厢及租界，他们的服务分高、中、低档，服务态度热情周到，服务中有很多附加的免费项目，经营手法多而灵活。这使其在激烈的竞争中逐渐显露优势，在抢占市场的份额中占领了相当部分。扬州帮的各方面优势为其最终占据更多上海理发业市场打下了坚实的基础。

扬州帮理发师采用敲、拍、揉、搓、推、拿、端、捏的手法按摩身体，使人顿感舒坦，精神倍增。挖耳更是玄妙，一个竹筒里装着各种各样的小工具，包括竹挖耳、大小鹅绒毛扫、铜丝弹条、绞耳毛小刀、小铜镊子和夹子等。服务时先用绞耳小刀绞去耳内细毛，然后用挖耳杠轻轻挖，用小夹夹出耳毛与耳屎，再用铜丝弹条在耳里一弹，弹得耳里嗡嗡响，最后用绒毛扫扫净，用棉花球在耳内转动，使人顿感全身酥麻舒适，整个过程让人有一种浓浓的嗜睡感。扬州帮理发师还会针灸和接臼。当小孩顽皮不慎摔跤致使手腕脱节时，理发师就用左手按住脱节手的上腕，右手轻轻一拉，之后朝上猛一甩，接臼就成了。如眼睛进了沙子，理发师用剃刀柄角对准眼皮轻轻一翻，把眼皮翻出，随后用剃刀刀锋轻轻对准沙子一刮，顿时眼睛就舒服多了。过去市民遇落枕、小孩脱臼、眼睛进沙子、腰扭伤、背部吊筋等,不会选择到医院就医,而是去扬州人开的理发店求助,而且理发店从不向他们收费。这是扬州帮理发师(店)深受市民青睐的重要原因。

同行间的"帮派"竞争,其实就是一种技术和服务的竞争。谁在竞争中拥有高超的技艺,紧跟潮流,把握住消费者的心理需求和变化,谁就能在激烈的市场竞争中立于不败之地。扬州帮理发师能在20世纪20年代占稳上海理发行业的江山,同他们追求变化、紧随潮流和注重服务是分不开的。

进入20世纪30年代初,上海消费者对发型有了新的需求,同时对服务要求也在不断提高。男子剃光头的越来越少,而湖北帮理发师墨守成规,抱着只剃光头的"绝技",最终因跟不上时代的变化与发展在上海的理发行业中逐渐消失。广东帮理发师在发型的变化中虽然能跟上时代的潮流,但还是因服务项目单调,经营方法呆板,缺少能让顾客获得免费享受的服务项目,渐渐在竞争中失去了优势,并淡出了人们的记忆。扬州帮理发师最终能在上海理发行业中一统天下,除技术好、发型跟随潮流外,关键是为顾客服务时附加的免费"享受"型服务项目(按摩、推拿、捶背、敲腿、挖耳等)起到了很大作用。

当时社会上称扬州帮理发师是不开处方、不给药吃的医生。由此,扬州理发师成为上海理发行业的主要力量。

四

租界里的理发笑话与理发风波

洋人男理发师为洋女人理发引哗然

越南人剃发误被当作中国人而引风波

法租界里的中法理发师斗争风波

20世纪初,随着英法租界的不断扩大,来沪做生意的欧美洋人也随之增多。上海这个东方大都市更充满了各种各样的商机,一些从事美发美容业的商人开始在上海开设理发沙龙或美容院,主要服务对象是在沪的欧美商人。晚清时期,国人必须要蓄发梳辫,加之深受传统封建礼教思想的影响,他们是不会跨入洋人理发沙龙或美容院半步的,还把洋人在同一室为男女理发美容视为"黄色"和"荒唐"之举。因其封建与无知、愚昧和少见,引发了一幕幕笑话与闹剧。

洋人男理发师为洋女人理发引哗然

洋人理发店的优势与特点在于不仅理发技术好、手艺高,而且设施设备先进。理发大椅全部都是由铁器和铜器铸造而成,牢固、新颖、美观、实用。所使用的理发用品全都是本国生产的高档产品。店堂内的装潢豪华漂亮,环境优雅。所有的理发师一律身穿白色的西装领长大褂,显得非常大气和精神,有一种与众不同的气派感。

辛亥革命前,南京路19号开设了一家名为法国理发沙龙的洋人理发店。这家理发店面朝南京路,有大的橱窗可为店内采光,使马路上的行人能一目了然地看到理发店内的情况,特别引人关注。每天总会有许多留着长辫的华人驻足观望,他们带着好奇心边看边指手画脚,窃窃私语。特别是当理发店里有金发碧眼的美丽洋女子坐在理发大椅上,男性理发师在女顾客头上"动手动脚"或"摸来摸去"时,许多路人就会受好奇心的驱使驻足张望。一天,男性理发师在理发店为一个长得非常漂亮的洋女子理发被国人看到了。这下引起了一阵骚动,许多人在理发店的橱窗口停下了脚步,探头朝里张望,并诧异道:"这男人怎么可以为女人理发,而女人又怎能让男人触摸呢?对长期受传统封建思想教育和束缚的中国人来说,远悖于儒教的男女有别之意啊!特别是女性怎么可以让一个陌生男人摸头碰脸呢?这是违背伦理道德的大逆不道之事啊!"在国人眼里,这真是一件奇事,让人感到不可思议。

　　然而,当好奇观望的国人还喋喋不休地议论女子该不该让男子"摸头碰脸"之时,让他们目瞪口呆的一幕出现了:洋人男理发师摇下了理发大椅的靠背,洋美女竟然躺下了,一副怡然自得的模样。此时男理发师转到了理发椅的靠背后,用双手在洋美女脸上涂抹护肤品,随后用双手开始在她脸上一上一下轻轻按摩,从额头按摩到耳根,从耳根按摩到鼻下,从鼻下按摩到下巴。就这样,洋人男理发师在洋美女脸上来来回回折腾了约半个小时,而洋美女则闭着双眼舒舒服服地躺着,尽情地享受着脸部肌肤被按摩护理的快乐。

　　"成何体统……"

　　"成何体统……"

　　那些观望的国人嘴里骂着,情绪愤愤然,却又不愿离开,要继续看个彻底。

　　还有一些人一边看，一边念念有词道："非礼勿视、非礼勿听、非礼勿言、非礼勿动，目不视恶色，耳不听淫声……"最后，不少人还是怀着"欲离不舍"的矛盾心情把"戏"看完后离开。

　　然而，当洋美女做完脸部肌肤护理，梳理了一个漂亮的波浪式发型，满脸红光地走出理发店大门，并微笑着向围观她的国人友好打招呼时，所有的人都呆若木鸡，没有了声音，并快速让出了一条通道，傻乎乎地看着洋美女离去的背影。片刻过后，人群中又有人说道："洋女人太放荡不羁了，不成体统，吾中华女性不该效仿之。"

　　更令人啼笑皆非的是，有些封建、愚昧的士大夫竟然写了控告信送至当时的上海道台衙门，要求取缔法国人的理发沙龙，认为这有违中华礼教，影响和败坏吾国之风气。当时上海的衙门中人得知此事后也十分愤然，认为这种洋人理发沙龙必须关门，也派出人员同洋人理发沙龙老板进行了交涉。然而租界之地是国中之国，洋人的一切权利必须得到保护，中国的官府无权也无办法监管洋人的经营权及所为。

越南人剃发误被当作中国人而引风波

　　早期的洋人理发店只为洋人服务，主要梳理西式发型。中国的剃头匠只为中国人剃头，而且都是千篇一律的发型，即用剃头刀把额头上面的头发剃成月牙形，后部蓄发梳理成一条又粗又长的大辫子。

那时，中国男人的这种模样象征其是大清帝国的子民。假如中国人到洋人理发店里去剃头剪辫，没了辫子是要被砍头的。为此，人们把留辫看得同生命一样重要，男子没有了辫子就会被官府捉拿杀头，也时常因此闹出一些风波和笑话。

在上海法租界里有一家法国美容院（其实是理发店），它主要是为法租界里的洋人理发或梳理西式发型。中国人以留长辫为主，没有人敢进入半步，谁要胆敢进入洋人理发店把长辫剪掉那是犯了理当被斩首的死罪，因此没有国人愿冒这天下之大不韪而惹来杀身之祸。然而，在洋人理发店里也闹出了风波与笑话。在上海的法租界里有一些从越南来的巡捕，当时越南是法国的殖民地，法国方面为了租界治安的需要，从越南抽调了一批有治安能力的巡捕来到上海法租界。由于越南人同中国的广东人和广西人的长相和身材十分像，故一般人很难区分。

一个礼拜天的上午，法租界的法国美容院里有两个"中国男子"在剪头发，而在理发店橱窗前张望的行人见状后不由大吃一惊：大清臣民竟敢进入洋人理发店剃头，还把辫子"剪掉"，真是胆大包天，不要活命了。这是触犯了大清"戒律"。那些看热闹的人纷纷开始议论，深感那两个"国人"只要走出这洋人理发店，必定要被人捕往衙门领赏，其性命难保。

看热闹的人越来越多，洋人美容院门前人山人海，几乎被围得水泄不通。人人都想看到那两个剪发"中国人"的最终命运。两名剃完头发的"中国人"欲走出美容院时，他们发现有很多人用好奇的眼光和神态看着他们。他们为此感到非常惊讶,在停留片刻后若无其事地走出了美容院的大门。他们走出不远,就被一群留着长辫的男子按倒在地,随后被捆绑得结结实实。那两个被捆的人声嘶力竭地大喊大叫,用法文和越南语为自己"申辩"。没有人能听懂,加之人声嘈杂,谁也听不清他俩在说些什么。那些为了领赏钱的人也顾不了那两人在讲什么,只希望把他们早早地送到衙门。

此时,洋人美容院里的洋人理发师见中国人把两个出了门的顾客绑架了,深感大事不好,就立马跑到附近的巡捕房说明案情。接到报案后的法国巡捕骑着马赶到了事发地点,用长鞭子驱赶人群,并把劫人的那帮人一一扣住,解救了两个理短发的"中国人"。后经过一番"唇枪舌剑",方知是误把越南巡捕当作中国人,才制造了一出愚昧可笑的闹剧。

法租界里的中法理发师斗争风波

辛亥革命后,外国人开设的理发店逐渐增多,竞争也随之激烈起来。在理发业的设备与设施方面,洋人理发店占绝对优势;在理发用具和理发化妆用品方面,洋人理发店更是占据优势;在美发技术和发型创意方面,洋人理发师更是遥遥领先。无论在法租界,还是在公共租界,洋人理发店的生意十分兴隆,尤其到了什么节日,生意更忙。因为有钱的人为显示阔佬的气派和追求摩登的发型而到洋人理发店美发。在当时能花大钱到洋人理发店美发,被视为一种"身价高、档次高、地位高"的象征。

1918 年,取名为"中分波曲式"发型、"三七波曲式"发型和"反包波曲式"发型的三种西洋发型在上海很流行。"中分波曲式"和"三七波曲式"发型,以头发弯弯曲曲,波浪起伏和有规则的上下凹凸排列而显得非常别致。青年男子理这种发型显得特别俊美和洒脱。而另一种"反包波曲式"发型,没有头缝,额前的头发全部往后梳理,头发上再抹些头油,使整个发型黑亮油光。中年男子梳理这种发型显得更大气和成熟,有大老板的气派。

这三种时尚发型都是由洋人的理发店推向市场的。上海的理发师不会梳理这种发型。他们曾多次研究并反复实践,但仍然掌握不了其中的"奥妙之处"。他们还多次派人去洋人理发店"探密",但终因洋人理发师的"绝技"保密太严而没有获得"情报"。

一天上午,法租界里美丽理发店的扬州人老板高大祥在去上班的路上,看到离自家店不远的地方有一家法国人开设的鲍赛尔美容院贴有招聘理发师的广告。高大祥见了不由心中窃喜,认为这是打进洋人理发店内偷学的好机会。高大祥把在自己店里做理发师的亲侄儿高丫头——一个长得瘦高、眉清目秀、聪明灵活的十九岁小伙送去应聘。鲍赛尔美容院的法国老板一眼就相中了高丫头。法国老板是一个中国通,他按照中国理发店收徒的规定(三年内学徒包吃包住不给酬劳,不到三年不得离开)聘用了高丫头。

高丫头进入洋人理发店做学徒之后,由于聪明灵活、勤快嘴甜,很快就博得了法国老板的欣赏和喜欢,而且法国老板很快就把美发

"中分波曲式"发型

"反包波曲式"发型

四　租界里的理发笑话与理发风波

绝技传授给他,想让他成为挑大梁的主角。不到半年,高丫头就掌握了火烫"波曲"式等各种西洋发型的技能与方法,得知不同的发型需要使用不同的理发工具,否则费再大的劲研究也是徒劳的。

临近农历新年,理发业进入了最兴旺的时期,理发店里都人手紧张。美丽理发店老板高大祥就把侄子高丫头叫到自己的店里"干活"。鲍赛尔美容院的法国老板见急需用人时不见了"学徒"高丫头,心里很着急,就派人到美丽理发店问明情况。当派去的人回来告知"学徒"高丫头在他叔叔美丽理发店里正"忙着"时,法国老板非常生气,认为这是一种背信弃义的行为,就带着两个人赶到了美丽理发店,要高丫头回鲍赛尔美容院干活,而美丽理发店老板高大祥出面阻拦。由此双方从口角争执发展到肢体碰撞及打砸东西。法国老板由于"势单力薄"吃了亏,愤然离开。

不多时,法国老板带着一群巡捕闯进美丽理发店,不由分说拉起高丫头就朝外走。老板高大祥及店里的其他人全部扑了过去争抢高丫头。一时间店堂内你推我扯、你拉我打,一片混乱,椅子、凳子、剪刀、梳子翻落一地。巡捕中一个人高马大的印度巡捕在混乱厮打中拳脚并用,猛地一脚踢在了高丫头的下身。高丫头当场昏死过去,并见其下身鲜血浸透裤外……

上海理发业的扬州帮理发师都彼此沾亲带故,得知"老乡"遭法国老板"仗势欺人",把一个好端端的小伙子给彻底"废"了,不由火冒三丈。随之扬州"理发社"(类似同乡会)组织租界内外的所有理发师到巡捕房讨回公道,要求经济赔偿。但是从不把华人放眼里的法租界巡捕根本不想赔一分钱,相反把上门讨说法的人视为"胡闹之徒"抓了起来。这下真把全上海的理发师激怒了,他们认为这是对中国理发师的歧视,一定要给洋人一点颜色看。

一天深夜,法租界里的近十家法国人开设的理发店被砸。租界内的法国方面出于对本国商人利益和财产安全方面的考虑,认为这是一起有预谋的针对法国人的恶劣事件,必须把肇事者"绳之以法"。于是,他们首先把有严重嫌疑的美丽理发店老板高大祥抓捕。在没有证据的情况下乱抓人,更引起理发师的愤怒。为此,全市的理发师在"理发社"的组织下到法租界进行抗议游行。有不少上海市民也积极参与"抗法斗争"。上海主要街市上的理发店还举行了罢市,一些法租界内的中国小老板为了声援理发师也跟着罢市。这下把法国领事惊动了,要求上海军政府出面"解决中国人闹事"的事件。然而,军政府方面的人都是一些强硬派,本来就对洋人自以为是、盛气凌人、专横跋扈、目中无人的行为感到厌恶,这次见理发师和上海市民如此团结"抗法",都暗中称赞叫好,认为这是一种捍卫民族尊严的体现,从而对法国领事方面的"救援"置若罔闻,只是用"租界之内无权过问"一句话回绝。

游行罢市,使法国领事方面看到了中国人的团结和力量,法国方面最终不得不做出让步,把高大祥放出,并让鲍赛尔美容院老板进行了一定经济赔偿。这次"抗法"斗争,以上海理发师和团结一致的上海市民获胜而结束。

四 租界里的理发笑话与理发风波

五

上海女子理发业迅速发展

不同阶层女性掀起剪发潮

沪上澡堂出现女性专业剪发室

理发店为抢生意特辟女子理发部

高档女子理发店崛起

女子理发店与戏院联动大促销

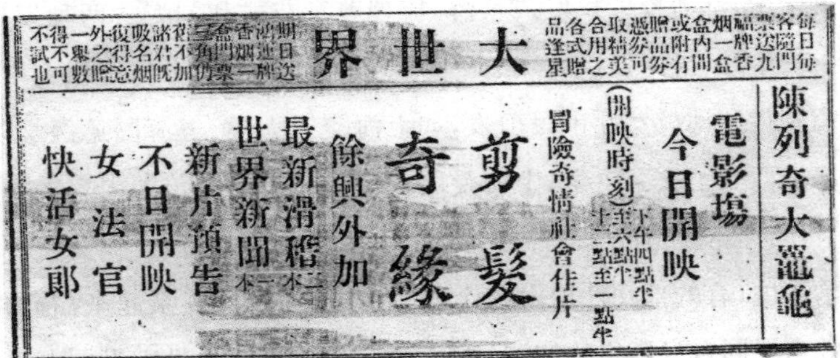

　　五四运动后,女子剪发热潮开始席卷神州大地。上海的一些教会学校、女子中学、大学及教堂等都极力宣传倡议女性剪发,以展示女性新的精神面貌。女子剪发潮的掀起,再次推动了理发业的发展。

不同阶层女性掀起剪发潮

　　中国男性剪掉了受尽耻辱的长辫,中国女性也要思想进步,剪掉给自己带来麻烦与不便的长发。这是五四运动后女性的一种新思潮。上海许多有文化、求进步的女性不仅带头剪发,而且积极宣传和鼓励别的女性剪发。大学和其他一些教会学校、女子学校的女教师和女学生,都剪掉了长发或长辫,梳理着童花式和刘海式两种发型,看上去十分精神,且极具美感。一些大学和中学还专门组织女学生上街宣传和动员女性市民剪发,如上海交通大学、上海同德医学院、上海沪西女子教会中学、上海爱国女子中学等。宣传的内容多种多样:有的把女性剪发提升到妇女解放、男女平等、要做时代新女性的政治高度;有的把女性剪发与个人卫生、身体健康联系起来;有的把女性剪发同自身形象的整洁、美化相结合;有的把女性剪发同女性的自尊、自爱、自强相结合。

在动员和宣传女性剪发的潮流中,除学生外,一些爱国和有强烈民族自尊感的宗教人士也纷纷参与其中。礼拜天,在一些天主教堂和基督教堂里,神父、牧师、长老、教徒见有留长发的女性进门,都会用"爱心语言"(从关爱身体健康、心灵健康和真诚爱护的角度)劝说其剪发,称剪掉头发的女性会容光焕发,更加漂亮。这种"劝剪"方法,起到了相当有效的作用,很快在全市的天主教堂和基督教堂里就看不到有留长发的中青年女性了。

在女性剪发潮中,从业于书场和戏院的梨园女性艺人,同样也起了很大作用。她们不仅自己剪发,而且就剪发自编曲目,在舞台上说唱。她们的现身说法和剪发后在舞台上所展示出的或利索、清秀,或洒脱、漂亮,或文静、甜美的形象,直接点燃了许多女性观众的剪发热情,同时也促使一些男性观众劝家中女性去剪发。女性艺人利用自己的舞台参与宣传剪发活动,所起到的作用和社会效果是非常巨大的。

上海的一些风尘女子,也是"剪发潮"中的真正"激进分子",她们率先到理发店剪掉长发,敢于追求自己的形象美。

曾有报纸这样写道:"凡梨园艺人、名媛佳丽无不剪发露妖容也。"

女性掀起剪发热潮,对理发业的发展再次起到了很大的推动作用。

沪上澡堂出现女性专业剪发室

女性剪发者日益增多,对理发业来说是一种商机,也促进了理发业的快速发展。在早期上海的浴室里有专为男人剪辫理发的服务项目,却没有为女性理发的服务项目。女性剪发潮掀起后,一些女浴堂在女子洗澡部开辟了一间专为女性服务的"女子理发室",从服务员到理发师全部都是女性,男性一律不得入内,理发室的门口挂有一块大的棉布——起遮挡作用,这样外面的人就无法看到里面。

下面是浙江路上的龙泉女子浴室在《申报》上刊登的一则广告:

真正的女子剪发出现,龙泉女子浴室内特辟女子剪发部。中国女子爱美除讲究脂粉外,中国女子爱美的却注重清洁。清洁之道,沐浴最关紧要。上海,这么一个繁盛地方,却没有一个有女性理发的中国女子浴室,许多爱洁净的女子就很不便利。本店有鉴于去年创办了一个龙泉女子家庭浴室,内分大小房间,安设白瓷洋盆,各分各间,毫无串杂。布置得精美,伺候得周到,都是女子招待,绝无男女混杂之敝,凡到过的都十分满意,浴客中向来所有的梳头扞脚、擦背等应有尽有,唯女子修发部独辟。如本店因此特在浴室内辟一精舍专作女子修发所,聘请女子理

发师数位专门剪发、烫发，以应客需。盆汤浴罢继以修饰，诚无
上之爽身乐意处，也尚祈各界女士闺阁名媛盍与乎来毋任欢迎。

浙江路新清和对面弄内龙泉女子家庭
浴室谨启

当时绝大多数的浴室理发室的设备设施都比较简陋和低档，主
要方便女浴客理发。那些女性理发师都是由一些女服务员兼任，谈
不上有什么理发技术，只会把长发剪短，然后梳理整齐，抹上一点头
油就算完事，因此收费也相当便宜，也很受生活不富裕的女性消费者
欢迎。这是上海理发业推出女性理发服务项目的初级阶段。

理发店为抢生意特辟女子理发部

上海的一些理发店面对女性理发这一消费市场，也紧跟着推出
女子理发服务项目。但是理发店刚推出女子理发服务项目，很难吸
引女性进门理发，生意不如浴室开设的女子理发室好。这让一些理
发店的老板感到不可思议。从设备设施、理发用品、理发技术、理发
环境到服务形式、服务态度等，都远远好过浴室女子理发室，可为何
就是不能吸引女性顾客呢？然而究其原因，其实很简单：五四运动
虽然提出妇女解放、男女平等，但中国人受几千年的封建礼教束缚，
传统的封建思想要从人们的脑子里立即荡涤掉是不现实的，那种根
深蒂固的"男女有别"的思想观念也是无法一下就被铲除的，也就是

说让女性进入理发店与男性"混室"理发显然是不可接受的。同时，女性让男性理发师"摸头"，不但女性不愿意，而且会使女性的家人，尤其是丈夫感到有一种妻子被别人"占便宜"的感觉。所以，当时女性到理发店和男顾客在同一处理发很受女性"忌讳"，理发店也就无法吸引女性顾客。

为了赢得女性顾客的光顾，上海的不少理发店对店堂进行了全新布局，把店堂一隔为二：一边是男子部，一边是女子部。有的理发店还对门面进行了重新装修，把进出门分成两扇，左边男子进出，右边女子进出，彼此不能接触。女子部的理发师和服务员也全部为女性，男性不能随便闯入女子部。这样一来到理发店理发的女性顾客就增多了。一些"丈夫"和"父母"也就放心让自己的妻子和女儿进理发店理发。

由于理发店的这一改进，再加之理发技术的胜出，浴室中的女子理发室在竞争中很快处于下风。

高档女子理发店崛起

进入 20 世纪 20 年代中期，随着西风东渐，租界内洋女人的摩登打扮和梳理的漂亮发型使思想开放、追求时尚的上海女性开始把美发当作生活中不可缺少的一部分。这是一种自我"唯美"形象的体现与展示。女子由理发为了清洁方便转为理发是为了把自己打扮得漂亮和精神。这就促进了理发行业的消费市场不断扩大，促进了理发业的兴旺发达。

对理发店来说,女性美发人数与美发次数的增多就是赚钱机会的增多。不少商人瞄准这一大市场、大商机,别出心裁地开设了专为女性美发服务的"专业店"。1926年湖北路紧挨南京路的附近开了上海第一家大型女子理发店,取名美丽阁女子理发所。该店是双开间门面,装潢精美。店内二十多个美发师、美容师、助工全部是广东女青年,个个身材苗条,脸蛋漂亮,身穿西式白套装,梳理统一的小童花发型,下穿黑色尖头小皮靴。统一的站立姿势、顾客进门微笑相迎、递巾倒茶———一整套得体的服务,在当时非常吸引人,并引起了人们的好奇。每天总有人特意去观望,凡路过的人也都会驻足张望,一时间在消费者和同行中引起了"轰动"。一些有钱的女性都会进店体验一番。理发店的生意因而相当红火。

美丽阁女子理发所的"一花独放",引来了许多店家的效仿。女青年会在博物院路(今虎丘路)开设了名为四育轩的女子理发所,专门为女性理发美发,并聘请留洋女性理发师为女性顾客服务。店里的橱窗内摆放着多种外国女人漂亮时尚的发型照,吸引了路人驻足张望。同时由于四育轩女子理发所理出的发式新潮、西化,也吸引了外国领事馆里的洋太太、洋小姐的光顾。上海一些有钱家庭的夫人和姨太太也成了四育轩女子理发所的老顾客。看到开设女性专业理发店生意兴隆,三马路(今汉口路)上有名的龙凤理发店的老板为了赚大钱,花巨资对原理发店进行了翻新和扩大,邀请留法博士设计店堂,使店堂变为西式格调,把该店打造成了具有较大规模的西洋风格的女性专业理发店。该店开业前更名为"中国女子理发社",所聘理发师全部是从意大利人创办的女子理发专科学校毕业的青年女技师和美容师,因而该理发店的技术力量雄厚,在沪上首屈一指。该女子理发社设计与梳理出的发型好看、奔放且富有西洋味,深受当时时髦女青年的青睐。

女子专业理发店在当时深受女性青睐,这与中国的封建传统观念有很大关系。中国女性历来受封建礼教的影响而比较害羞,怕与异性接触,这就决定了她们要美发时必须去全是女性的理发店理发。从 1919 年五四运动到 1929 年底的十年间,租界内的女子理发店多达三十家。

女子理发店与戏院联动大促销

20 世纪 20 年代,上海的商业和服务业的发展进入了一个快速上升期,经营者之间的竞争也日益激烈,但在竞争中跨行业的彼此联手扩大业务的合作也不断显现,它们最终目的就是为了赢得消费者、多赚钱。女子理发店与戏院、影院曾联手促销取得了很好的双赢效果。

1927 年初,上海的电影公司引进了一部由美国华纳影片公司拍摄的滑稽侦探片《剪发奇缘》。这部电影主要以女子剪发所引申出的人们对女子剪发的两种不同看法和新旧两种思想的碰撞为主线。电影的中心思想是提倡女子剪发,体现文明与进步。这部电影整体思想进步,又符合当时那个年代的"国情"。但是如何使这部电影一炮打响,让更多的人进电影院观看,做广告是必不可少的。1927 年 1 月

23日，中央大戏院在《申报》上做了一个大字体广告，内容如下：

> 欲解决女子应否剪发问题者请观
>
> 《剪发奇缘》为华纳影片公司之滑稽侦探影片，由玛丽·拔蓬馥丝主演，情节之曲折，表演之诙谐，在滑稽言情片中可称杰作。剧情略述：一富家女与二少年爱好甚笃，一新一旧；新者欲女剪发，俾得成嫁；旧者劝女勿剪，则可与女即日成伉俪，女为之左右为难，因演成许多可惊可幸之事。际此，女子剪发之风甚盛，欲研究女子应否剪发之问题者，不可不观此片。
>
> 中央大戏院启

一些影院老板深知仅靠广告是不够的，必须扩大宣传力度与范围。有的电影公司想到了理发业中的女子理发店，打算走跨行业合作之路。为此，中央大戏院等主动与"美丽阁""四育轩"及"女光"等女子专业理发店、理发公司合作，推出互惠互利的双赢计划，即电影院、戏院印制购票券给女子理发店，由女子理发店赠发给理发的女顾客，女顾客凭券到指定的电影院、戏院购电影票可享受九折优惠价。电影院和戏院也同样为女子理发店发理发券，凡看电影的女观众凭券到指定的女子理发店美发，可享受八折优惠。对电影院、戏院和女子理发店来说，这种跨行业合作获得了实实在在的好处，而更大的好处是双方通过赠发的优惠券招来了顾客，对提升理发店和电影公司的知名度也起到了一定的作用。

五　上海女子理发业迅速发展

20 世纪 20 年代女子理发店与戏院搞大联动促销的电影《剪发奇缘》

六

高档理发店抢占上海滩

洋人美容院抢占上海滩

归国华侨、华商不甘示弱抢市场

大公司强势出击抢市场

华商高档理发店的服务特色与发型特点

　　进入20世纪30年代,理发业进入了一个鼎盛的发展期:洋人理发店猛然增多;上海大公司纷纷开设高档理发店或在原基础上扩大规模并提高档次;上海有钱人与名人开设理发店;归国华侨开设理发店。各种各样的西式发型更是备受人们的青睐,流行在上海的街头。

　　然而,在理发行业兴旺的背后,隐藏着同行之间的竞争、华洋同行之间的竞争。

洋人美容院抢占上海滩

　　30年代的上海,被称为"东方的巴黎""远东第一大都市""十里洋场"。这里商贾巨富云集,有大量欧美各国的洋商到此寻求发财门路。在上海的各个领域,只要有钱赚,就有洋商的身影。许多洋人都是全家老少一同来上海安家,一同"经营企业",一同赚钱发财,过着天堂般的生活。随着欧美各国的美发美容技术和美发美容用品的提高与推出,洋人的各种美发厅和美容院再次涌入上海,抢占了繁华的街道和地段。

　　1930年1月,法国商人和英国商人在南京路开了两家美容院,分别取名为"丽新美容修饰院"和"鲍罗美容院"。两家洋人美容院规模很大，装潢精美豪华；店堂布置格调全是欧美特色的，设备用具先进，化妆用品以法国和美国的产品为主；店堂被分隔成多种区域，有男女美发部、男女洗发部、男女贵宾部、女子美容部、烫发部等。这种分设专门的服务部门在当时上海的理发行业中被视为首创。此两家美容院主要服务的项目有西式理发、西式烫发、西式美容化妆、西式发型吹风梳理等，所有美发师和美容师都是洋人。这两家美容院一开业，就吸引了上海有钱的华洋上流社会阶层。这些有"身份"的人以进入高档美容院而感"身价高贵"和"时尚"。当时由于"丽新"和"鲍罗"两家美容院烫出的男女西式"波浪式"发型造型新颖、华丽自然、端庄大方及富有美感而风行上海滩，备受消费者推崇，而且到这两家美容院烫发必须要提前几天预约，否则别想入门。

洋人理发店在上海能赚大钱，使洋商的理发店数量在短期内猛增。1931年，波兰商人乔哲夫德花巨资买下静安寺路上的华安美丽馆，并投巨资扩大装修成高档美发馆。此后，美国、英国、法国、意大利及瑞士等国的洋商在闹市区争先恐后地开设美容院、美发厅。南京路上有埃塞诺美容院、意大利美发厅，静安寺路（现南京西路）上有美国美容院、海伦美容院、乐安美容院及恩特利美容院等。到1934年，租界内具有相当规模的洋人美容院、美发厅多达二十余家。洋人的美容院与美发厅都各具特色：美国人美发厅烫出的发型以波浪大、丝纹清晰、轮廓饱满、造型大气而自成一派；英国人美容院烫出的发型以波浪松柔、丝纹卷曲、富有动感而独树一帜；法国人美容院烫

執中外理髮業牛耳已有八載之

華安美麗館

20 世纪 30 年代《申报》刊登的华安美丽馆的广告

出的发型以波浪平服、丝纹花哨、造型浪漫而独领风骚。这三个国家的人所开的美发厅美容院在当时的上海可谓"三足鼎立",都有各自的消费群体,被称为三大西洋流派。此外,这些洋人美容店为预防烫发技术被人"偷学",客人烫发时都被安排在单间里,与"外界"隔离,哪怕是陪客也不能入内,甚至在店里打杂的中国职工也被"挡在门外",可谓壁垒森严。洋人这样做的目的就是想独霸上海的理发市场。

归国华侨、华商不甘示弱抢市场

上海的理发业市场充满赚钱的机会,谁会甘心让洋人独享上海理发业市场的"大菜"。一些在国外经商或有海外关系或家庭富有的华商也都想要从洋人"口中抢一杯羹",并不惜出巨资在闹区开设有规模、上档次且具有欧美风格的美发厅或美发公司,与洋人理发业一争高低。

留美华商开设在四马路(现福州路)的国华理发公司为了在与洋人美容院的竞争中取得优势,花大钱派多名女性理发师到法国学习西洋烫发和美容化妆等方面的技术,目的就是为了掌握国外先进的美发美容技术,武装自己,提高技术水平,增强竞争力。国华理发公司因能烫出西洋"波浪式"发型且价格又低于洋人美容院,很受顾客青睐,每天顾客盈门,生意蒸蒸日上。

华商基督徒朱博群,曾在1925年与人合股在南京路附近开设了一家名为绮华的高档美发厅,并任总经理。面对有强大竞争力的洋人美容院，朱博群心有不甘，暗暗下决心，一定要把洋人的烫发技术学到手。为此，他以顾客身份进入了一家有名的美国人开设的理发店去理发，结果因理发与烫发区被隔开，而一无所获。但朱博群对此并不甘心，又花钱让自己店里的女服务员去另一家洋人店烫发，他则作为家属陪同。可是当冒充顾客的女服务员进入烫发间时，跟随后面的朱博群被洋人理发师挡在了外面，结果再次一无所获。朱博群最后通过教会里的洋人牧师认识了一位法国理发师（基督教徒），花两百块大洋聘请法国理发师传授西式电烫头发技术和吹风梳理西洋发型。由此，朱博群成为上海华人理发师中第一个掌握西式烫发技术的理发师。1932年，朱博群放弃绮华股份，花巨资在现今的南京西路上开设了一家大型高档的取名为大光明的美发公司。朱博群为了使公司能吸引洋人顾客光顾，就出资让所有职工到夜校去学习英语，从而使大光明美发公司成为上海华人理发店中第一家能接待洋人顾客及敢于同洋人美容院争抢洋人消费者的理发公司。此后，朱博群又从希腊商人苔斯·达吉斯那里学会了配制电烫头发药水的技术，并在大沽路上创办了"散花化学工业社"，专门生产商标为"散花"牌的电烫药水，成为我国第一家生产电烫药水的化妆品工厂，结束了我国理发业烫发使用洋人生产的电烫药水的历史。

1931年，三民书店老板林唤亭在南京西路石门路口投资三万个银元，委托旅美归国华侨黄华培筹办南京理发店。该店从开业起不但在国内中英文报纸上大做广告，而且在美国办的报纸和杂志上也大登广告，制造声势，扩大影响。

在与洋人争抢理发市场中,更有甚者敢同洋人理发店"硬碰硬"。1932 年夏,一名华商在南京路鲍罗美容院的隔壁开设了一家大型理发店,取名广寒宫。该店的装潢布局具有西洋特色,理发师全都是经过意大利烫发高手进行强化培训的技师。为吸引人,老板还出高薪聘用漂亮的白俄罗斯姑娘做接待,洋"花瓶"站在大门口,引来许多好奇者,生意居然好过隔壁洋人店的。

据统计,20 世纪 30 年代中期,租界内华商开设的大型高档理发店、美发厅有二十家左右,市场占有率与洋人理发店、美容院平分秋色。

大公司强势出击抢市场

上海的一些大公司为了能与洋商和归国华商争得美发市场的一席之地,新新公司、永安公司、华安人保公司等沪上数十家大公司不惜再斥巨资对原有的理发店、理发所进行全方位的改造与调整,以显示大公司在市场竞争中的强势和能量。

南京路上的新新公司为了显示大公司的雄厚实力和能赢得市场的魄力,投巨资对原理发场所进行分隔、扩大和装修。装修后,该公司改为新新美发厅。其夏天配有冷气,环境布置得非常高贵、别致和华丽,有丝绒的窗帘、橡皮绸的门帘,七夹板喷漆嵌圆镜,圆镜旁配有化妆柜,令人感觉新颖、优雅、别具一格。新新美发厅的设备设施全部从国外引进,有从美国引进的当时最先进的大号钢盘椅、气泵坐椅、铜吹风、男女式大靠背皮沙发，并买下了当时世界上最先进的烫发机——克来茵冷烫机，用该烫发机烫发时不会有热感和烫感。美发厅特聘美国蜜施法托化妆品公司的高级美容师和美发师主持并对外服务，在当时被称为远东第一流美发厅。重新开业后的新新美发厅每年还要根据不同季节，定期召开新发型新闻发布会，邀请著名文艺界人士主持发布，向社会推出各种新潮发型。这是新新美发厅吸引上海消费者的一大妙招。

在与洋人竞争的"比拼"中，华安人保公司老板同样不惜下巨资对华安理发馆进行彻底调整与扩大装修，聘请留法归侨工程设计师设计施工和室内装潢。装修后的华安理发馆店堂内的布局全部根据法国新时代风格设计；理发大镜都以巴黎三十度斜角式布局，男子部为方镜子，女子部为圆镜子，有一种很强的立体感；所用的设备、设施、用具及化妆用品，全部从法国引进。华安老板为夺人眼球，还在店堂两侧橱窗旁放置了两个塑料模特儿：一个是梳理着金黄色长波浪发型的法国女郎；一个是樱桃小嘴、梳理着黑色长波浪发型、美丽文静的中国女郎。此外，模特儿头上的发式会随季节变换，都是不同季节的流行发型。两个模特儿的发型成了不同季节上海理发行业发型流行的"领潮者"。华安理发馆的知名度由此不断上升，被当时的上海消费者称为"中国的法国美发馆"，深受上海的高档顾客和在沪洋商消费者的青睐。尤其是法国人特别喜欢到华安理发烫发，享受"回家"的感觉。

新新公司

六　高档理发店抢占上海滩

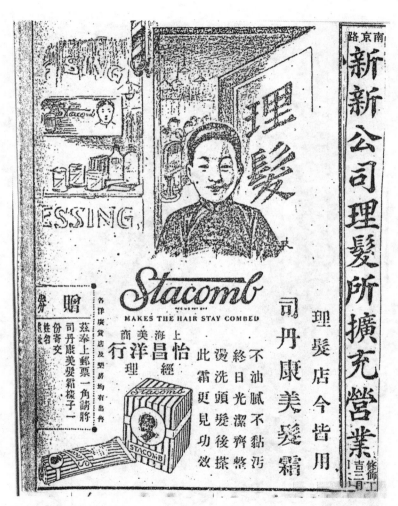

《申报》刊登的新新公司的理发广告

那时的上海的理发业可谓处在"春秋战国"时期,群雄崛起,群雄纷争,无论是来势凶猛的洋商美容院、美发厅,还是之后快速崛起的归国华侨华商理发店、理发公司及强势逼人的大公司美发厅,在白热化的竞争中都赢得了各自的市场。

华商高档理发店的服务特色与发型特点

华商大公司、大商人开设的理发店有一个共同之处,即都聘用技术好的洋人美发师和洋人化妆师。店里所有的设备设施及化妆用品都是从美国、法国和英国进口,服务对象都是一些有钱人。比如,

20 世纪 20 年代末美国新生产出的一种铜皮吹风

新新的服务对象都是一些老板、经理、贵妇人;华安因靠近跑马厅,主要为外国人服务;唯一理发所主要的服务对象是钱庄老板等金融界人士;鼎记理发所主要的服务对象为法租界的洋行之人和当时一些军政要人及其家属。

大型高档的理发店有一套与众不同的经营特色和服务方式:预约理发,顾客只要事先订好下次理发的日期,到时进门理发就不用排队等候,随来随理;售理发券,顾客购券后下次理发就可以用券代钱,同时能享受八折优惠;定巾专用,顾客可以指定自己的专用毛巾(当时毛巾都编号),其他人不得使用;定人理发,顾客可以指定专人为自己理发或化妆,不用等待。高档理发店的服务项目比一般的理发店多,有美发造型设计、美容、化妆、修指甲、电烫发、烧发造型、染发、干洗发等。此外,设计梳理出的发型除质量好和漂亮外,发型的花色既多又时尚。如新新理发师设计出的男子"派克式"发型,即头顶部三七开缝(即头路),左部头发缕缕向后梳理,右半部前额的头发高起后梳形成一缕缕起伏的波浪形,后部头发与前部头发缕缕相连形成一体,丝纹流向自然。这种造型独特别致,具有俊美与阳刚之气。男人理这种发型有一种大气、豪放、洒脱之感。新新推出这一发型后,一下风靡全上海,很受那些大老板、经理的喜欢,后来该发型又被人称为"经理式"发型,并一直流行到 30 年代末。华安设计出的女子"水纹式"发型,即头发丝弯曲起伏如水波,自然流畅、飘逸舒缓。女性梳理这种发型,有一种优雅、秀丽、宁静、柔美之感。发型一推出立刻流行上海滩,受到爱美女性的青睐。

　　高档理发店能在同行竞争中脱颖而出，深受高层消费者的喜欢，关键在于市场定位准确，硬件与软件到位，适合一部分高消费者的需求，从而才具有很强的市场生命力。

七

沪上两条理发街的趣事怪闻

两条理发街的不同特色

风月女子为理发店老板摆平闹事者

舞女为理发店老板付房租

20 世纪 30 年代初,上海的娱乐业和"风月行业"进入了最兴旺的时期,各种舞厅、戏院等娱乐场所不断出现,舞女、歌女、招待女及妓女也就不断产生。同时,出没于风月场上的纨绔子弟也猛然增多。风月场上的女性和出没风月场所的男性都会到理发店美化一番,从而促使舞厅多、戏院多及妓院多的愚园路和云南路形成了理发两条街。

两条理发街的不同特色

30 年代,静安寺附近出现了许多高档舞厅和高档咖啡吧。舞厅以百乐门和新仙门等最为有名。在高档舞厅和咖啡吧里的从业者最讲究的是漂亮,那些舞女、歌女、招待女必须进理发店美发美容。由此,一些商人看准了商机,纷纷在愚园路上开设高档理发店,使愚园路成了一条高档的理发街。

在闸区四马路(今福州路)区域有不少高档的妓院,如"会乐里""宝裕里"及"余庆里"等,再加之附近还有许多舞厅、戏院,因而需要美发美容者必然很多。云南路由此形成了理发街,在这短短的主要马路段上,开了三十五家大大小小的理发店,成为上海拥有最多理发店的一条马路。一到晚上,整条街灯火辉煌,红白蓝三色的理发柱子滚动闪烁,一派热闹景象。

愚园路理发街与云南路理发街在当时的上海非常有名气,因为两条街上的理发店所服务的对象有一定的"特殊性",大多是舞女、歌女、妓女及女招待,所以在当时被理发业同行称为"理发黄金街",生意特别好,不愁生意有淡季,不愁刮风和下雨,每天生意兴隆,令同行非常羡慕。

然而,愚园路理发街与云南路理发街的服务对象稍有相同:愚园路理发街上的理发店的主要顾客绝大多数为舞女、歌女及赴夜生活的男女舞客;云南路理发街上的理发店的主要定点顾客以"风月女子"占多数,其次有说书、演戏等方面的艺人。到愚园路、云南路两条街理发的顾客对于发型的要求各不相同。愚园路上理发店的多数顾客为舞女和歌女。舞女与歌女所需要的美更讲究舞台效果。因此舞女与歌女大多要求梳理长波浪发型,卷曲的披肩长发有动感,在舞台上、舞池中摇摆或摇晃脑袋则会使头发更有飘逸、潇洒之美感。在美容化妆方面,舞女与歌女都喜欢浓妆艳抹,脸部的妆涂得十分浓艳,这样在舞台灯光下会使她们更加美丽,能吸引更多男性的关注。到云南路理发店理发的"风月女子",对美发美容的要求就是发型要牢固,妆面要妖艳。另外,"风月女子"所烫的发型都以中短发型为主,中短发型便于洗头梳理。因此,云南路上的理发店每天服务的人次很多,有的漂亮的"风月女子"一天要多次进入理发店吹风梳理发型。

据一位 20 世纪 30 年代曾经在云南路上大华美发厅做女式理发师的陈老先生回忆：30 年代云南路上技术好的理发师几乎都有几十个这样的老顾客，仅这些顾客就够你赚钱养活一家人，她们几乎每天都要到理发店美发，有的人一天里要美发数次。又据另一位 20 世纪 30 年代曾在云南路上美丽理发店做女式理发师的叶老先生回忆：在云南路上理发店做女式发型的理发师比其他路上理发店里的女式理发师收入多，一是生意忙，二是老顾客多，且为这类女顾客服务，每次都会得到小费。此外，在下班后，有的妓女会叫理发师出包（上门服务），这样又可以赚到一份额外收入。尤其晚上为一些头牌妓女出包美发，理发师则收入更多。那些头牌妓女出手大方，不仅付给你理发费，给小费，而且还会给你吃夜宵的钱。

当时在愚园路和云南路上的理发师中流传着这样一句话：小姐吃阔佬，老秋（理发业行话：理发师）吃小姐。娱乐行业的兴旺带动和促使了理发业的兴旺与发展。

风月女子为理发店老板摆平闹事者

旧时人们称靠出卖肉体为生的妓女为婊子，总是用鄙视的眼光看待她们，认为她们认钱不认人，故而有一句"婊子无情"的咒骂语。但事实上她们中也有非常讲情讲义的"有情女"。她们也许对花钱玩弄她们的嫖客不会有真情，但对她们周围的朋友还是会倾其全力予以帮助的，能为朋友摆平复杂的事情，并不求回报。

云南路上有一家大东理发店，老板名叫景殿文，扬州人。1935年初，三十六岁的他在云南路93号开设了这家二开间（约一百平方米）的理发店。景殿文出身理发世家，十三岁起就跟着父亲学理发手艺。他聪明好学又有悟性，掌握了一套过硬的理男女西式发型的本领，同时还掌握了一套推拿、针灸、拔火罐、刮痧、接臼、搬落枕、翻眼除沙、挖耳、按摩、敲背等手艺，被人称为半个郎中。再加上景殿文人长得英俊，服务态度好，理发店开业不久就博得了顾客的一致好评。他为女性顾客梳理出的各种短、中、长波浪式发型因发丝清晰、波浪起伏、造型新颖、立体感强而深受爱美女性的青睐，特别是附近"会乐星""宝裕里"及"群玉房"等风月场所的风尘女子纷纷慕名到大东理发店理发。景殿文成为她们最佳美丽形象的塑造者。再加之景殿文有免费的按摩、敲背、挖耳等附加服务项目，使每位经过他之手的女性顾客除面貌焕然一新之外，还能感受到身体的舒服和怡然，更感受到一种心情的愉悦。特别是老板为女性顾客服务完临别时的那深深一鞠躬，使所有女性都感到一种被当作贵宾的尊重感。

然而，大东理发店生意兴旺，每天门庭若市，一直有女性顾客光顾，这让大东理发店对面的一家云南理发店的老板心里感到不是个滋味，总觉得是大东理发店在背地里说他们理发店的坏话，抢了他们的生意，使之生意一落千丈。为了设法把大东理发店挤走，云南理发店的老板管某就使出了一招：三天两头花钱派人到大东理发店理发、烫发、吹风等，随后那些派去的"顾客"理好发型后总是寻找各种理由挑刺儿，或大吵大闹，或砸东西后拂袖离去。以此来败坏大东理发店的声誉。

　　面对时不时有"顾客不满意"的情况，大东老板景殿文十分忧愁，隐隐感觉是对面云南理发店在捣鬼。曾有一学徒对老板景殿文说："每当我们大东理发店发生顾客吵闹，对面理发店里的人就会十分留意我们的店，我有时还看到他们在幸灾乐祸地笑。"大东老板景殿文听了学徒的这番话心里很不是滋味，人心叵测，但苦于没有证据。景老板在经过一番冥思苦想之后，想到了"跟踪"之计，就是等有故意找茬的"顾客"在店堂里大吵大闹一番后，派人跟踪其出门，搞清楚到底是谁在背后捣鬼。

　　一天中午，有一个穿着时髦的漂亮女顾客点名要老板景殿文剪发吹风。当他按照对方的要求理好发型后，那时髦女人横竖不满意，怎么向她解释及道歉都不依不饶，拼命在店堂里大吵大闹，随后拿起一块照发式后型的方镜砸碎在地，喋喋不休地骂了一番后离去。景老板派去跟踪的探者很快回店，把看到吵闹的"女顾客"在四马路鸿运楼饭店与云南理发店老板一起吃饭且有说有笑的情景告诉了他。景老板听了之后肺都气炸了。

　　耳听为虚，眼见为实。大东老板景殿文亲自到四马路鸿运楼看了个清楚，结果同探者讲的情景一模一样。这下大东老板景殿文有了底气，他要同云南理发店老板管某评理，希望他不要再做这样的缺德事了。下午 1 点左右，一直等候同对方评理的大东老板景殿文见云南理发店老板管某吃完饭回店时，就寻上门讨个说法，没想到对方借着酒劲蛮横无理地对景老板破口大骂，还到店内拿了一根大木棍冲到大东理发店大打出手，把大门和橱窗玻璃通通敲碎。老实胆小的大东老板景殿文竟然被吓得不知所措，只好派人到老闸巡捕房报案。巡捕到了之后，云南理发店老板管某竟说是大东理发店老板先冲到他们店里吵闹，还偷了他们的电吹风等等。那些混饭吃的巡捕见这是一桩没有什么油水的案子，就对其各打了五十大板结了此案。

对此，大东老板景殿文非常气愤与无奈。他不知应该用什么方法和手段来对付对方，只是在店里低头抽闷烟，还时不时气得身体发抖。然而，意想不到的转机出现了。这时，四马路"会乐里"的大牌春花小姐上门请老板景殿文梳理发型。这个春花小姐长得非常漂亮，打扮得又洋气，被一个有权有势的大老板"包养"。她见大东理发店门窗都被砸，又见老板景殿文蹲在地上抽闷烟，于是走上去先安慰了一下老板，随后让老板为她梳理发型。春花在理发的过程中得知了一切，临别时对老板景殿文说道："景老板哥哥请放心，你的事小妹一定出力为你摆平，以后在上海滩上再没有人敢碰你。"

这位春花小姐一直是大东理发店景殿文的老顾客。有一次，她斜歪着头来理发，老板为她理完发型后还专门为她搬落枕及推拿按摩，使她的头颈当即消疼，头能正常转动，这使春花非常感动，一定要付费致谢，却被景老板一再谢绝，从此她与他成了好朋友、好兄妹，面对哥哥遭人欺，她怎么能不帮忙呢？

当天晚上，一帮身穿黑色长袍、手持斧头与长棍的男子气势汹汹地冲进了对面的云南理发店，随后传出了一阵乒乒乓乓敲砸东西的声音，不一会儿，那帮黑衣人押着云南理发店老板管某来到了大东理发店门口，并让人把大东景老板叫出来，让管老板向景老板当面赔礼道歉，赔偿经济损失。管老板抖着身体表示一定会赔对方损失，一分钱也不敢少。

从此，大东理发店老板在云南路上经营得风生水起，再无人敢碰他一根毫毛。这就是有情风尘女子对大东理发店老板景殿文的真诚帮助。

舞女为理发店老板付房租

旧时人们也看不起唱戏、跳舞之人，总觉得那些人只重钱不讲义，故而有"戏子无义"之说。然而，她们在生活中对帮助过自己的人也会讲情重义。

在上海静安寺这一区域有许多高档的舞厅，其中以愚园路上的百乐门大饭店舞厅最为有名，它成为上海滩商贾巨富、名媛佳丽休息娱乐的高档场所。愚园路一带又是社会名流居住的高档区域，这里的商业、服务业与娱乐业也极为繁荣，理发店四处可见，特别是一到晚上，有理发业标志的红蓝白三色的花筒旋转着闪闪发光，璀璨夺目，把整条街照得夜如白昼、美丽无比，使愚园路又被人称为理发一条街。

愚园路上的理发店以舞女与参加舞会的男女宾客为主要服务对象。一到傍晚，家家理发店灯火辉煌，顾客盈门，在愚园路上的数十家理发店中，规模大、档次高、装潢好、环境雅的要算是上海美容院、百乐门理发店和中华理发店了。其中上海美容院是袁世凯第六个儿子(人称袁老六)花不少大洋开创的西式风格的理发店。在理发技术等方面最强的要算是中华理发店,该店老板任大荣是广东人,是一个理发好手,擅长梳理各种西式的女子中长波浪发型及西式的盘髻发型,同时还是半个郎中,掌握了中医方面的针灸、推拿、按摩等技术,再加之经营有方,价格公道,使中华理发店每天生意兴旺。

舞女都喜欢烫长波浪发型,跳舞时身体一旋转,头部一扭动,那漂亮的长波浪就会瞬间飘动起伏,使人的整体动作、舞姿显得轻盈洒脱,优美飘逸,吸引无数男人的眼球。擅长梳理长波浪发型的中华理发店老板任大荣最受喜欢烫长波浪发型的舞女的青睐,每天指名要他梳理长波浪发型的舞女都要排队等候。他对每一个舞女老顾客都十分热情,服务十分周到。他还免费为一些在跳舞时不小心扭伤脚的舞女推拿或按摩。由此,老板任大荣很受舞女老顾客的喜欢,时长日久,他与她们成了好朋友,时常能得到她们赠送的各种礼物。其中,有一个艺名叫沙菲菲的舞女老顾客,她的服务要求特别高,她时常要在舞会结束后的半夜三更到中华理发店请老板任大荣为她进行腰部与腿部推拿按摩,以缓解一天的疲劳。沙菲菲长得年轻漂亮,舞跳得特别好,被人称为百乐门舞厅里的美女舞皇后,因而每天邀请她跳舞的人不可胜数,使她没有停歇的时候,身体非常疲惫,筋骨像散了架。每当舞会结束,沙菲菲就会坐黄包车来到中华理发店,老板任大荣会很热情地在店门前迎接,并给她递上一块热毛巾。当沙菲菲坐上理发大椅后,老板任大荣还会让人给她端上一碗热腾腾的糖粥,随后放下理发大椅靠背让其舒舒服服地躺下,进行一个多小时的手臂和腿部的按摩。每当老板为沙菲菲服务完毕,对方要付钱时,老板总是婉言谢绝,最多收一点电灯费。因此,沙菲菲非常感激任老板,每逢过年过节,她总要买好多礼物送他,以表感谢。

中华理发店生意兴旺,也令别人眼红。该理发店的房东在别人的挑唆下对做理发这一行也产生了浓厚兴趣,并打算收回这一出租屋自己做,但苦于签了五年出租合同未到期不能违约收回,就故意刁难,要老板任大荣租金三年一付,如果付不出就赶他出门收回房屋,并强迫他在年底付清,而这一限期也只剩下了不到一个礼拜。任老板才经营一年,所赚的钱部分已寄给了远在广东老家的父母,眼下筹不到这些钱,急得像热锅上的蚂蚁,不知如何是好。

离交租金限期只有最后一天了,沙菲菲照往常一样来到中华理发店,请老板任大荣推拿按摩。老板任大荣向她说出了关门的缘由,沙菲菲听后非常平静,温和地轻声道:"任老板别焦急,事情总有解决的办法,车到山前必有路。"随后她问了他要付多少钱,在得到了任老板的回答后,沙菲菲说了声"再见",走出了店门。任老板目送着沙菲菲离去,心里感叹这是他服务的最后一位老顾客了,并自言自语道:"一切都结束了。"他从来没有指望过会出现大恩人来帮助他,也想不出有什么深交并有经济实力的朋友能帮助他。

租金期限到了,房东带着一帮人来到中华理发店找任老板要三年租金,其实房东心里明白他付不出租金,故意叫来一大帮人赶走任老板。然而,就在房东与任老板"争吵"之时,一辆漂亮的小轿车停在了中华理发店门前。车内走出一个戴着太阳眼镜、梳着长波浪发型、打扮妖艳的美丽女郎。她径直走到老板任大荣面前，从一只红色的包里取出厚厚一叠用《申报》纸包着的东西，递给他道："任老板，这是你要的三年租金，你付给他们。"当时老板任大荣与房东那帮人都愣住了。片刻，当沙菲菲摘下太阳眼镜时，双方都不由大吃一惊，特别是房东见了不由道："菲菲小姐，怎么是您啊，有话好说，有话好说……"

沙菲菲得知任老板有难，深感此时是对任老板最好的感谢与报答，感谢他平日对自己无微不至的关心。由此，她决定一定要帮助他渡过难关，就把自己平时赚的钱和向朋友借的钱为其付了三年租金。中华理发店老板任大荣万万没有想到，在最关键时刻帮助他的竟然是一个舞女，谁说"戏子无情"！

八

名店、名师与电影公司影星、
老板合作

电影公司与理发店

明星与美发师

服装大老板与理发师

棉布大王与理发师

　　电影业与广告业的发展,也促进了理发业的发展。20 世纪二三十年代,上海这个东方大都市(也被人称为"东方好莱坞")出现了许多著名的电影公司,涌现出了大量的电影明星。特别是 30 年代中期,电影业发展迅猛,一些舞女、歌女及其他艺人纷纷进入电影公司,成为电影演员、明星。其中有的还为一些大公司做形象和产品代言人,为一些大企业宣传产品,而她们漂亮的发型成为理发店流动的广告。

电影公司与理发店

　　30 年代是上海电影事业发展的鼎盛期,各类电影公司如雨后春笋,蓬勃发展。然而,拍电影时演员离不开美发美容,拍不同时期的电影,人物的发型与妆容必须根据剧情而定,梳理发型与美容化妆成为拍摄前的重要准备。发式造型,人物妆面定型,这对于电影公司的导演来说必须要考虑周到。但有时剧组中的发型师和化妆师会对电影中的人物发型与妆面把握不准,甚至因不了解剧中的历史背景而无从着手。因而一些电影公司的老板或导演会与上海著名的美发厅或美发公司合作,请美发厅的一些技术高的理发师、美容师设计梳理发型和化妆造型。由此,当时一些电影公司与一些高档美发厅、美发公司都建有一种较深的业务关系。

1934年,实力强大的上海艺华影业公司要拍一部名为《逃亡》的电影。这部电影中的人物需要剪烫头发,而艺华影业公司没有烫发设备和会烫发的理发师,于是艺华影业公司同当时很有名气的新新美发厅合作,要求包新新美发厅一天,专门为电影《逃亡》剧组的男女演员烫发和设计发型。到了约定好的那天上午,艺华大老板带着他手下的那批"爱将"一行数十人"浩浩荡荡"从南京路下车走进新新美发厅。袁美云、胡萍、黎明晖、陈娟娟、叶娟娟、袁丛美、金毅、秦桐、王乃东等大明星的突然出现,一下引来了许多人的围观。有些影迷激动地一边叫着他(她)们的名字,一边跟在后面。当影星们进入新新美发厅之后,仍有许多人围在新新美发厅的门口等明星们出来。有的影迷是一些有钱人家的小姐,也是新新美发厅的老顾客,为了能一睹心目中的影星,通过美发厅里的熟人,以"有急事"需美发而"网开一面"进入店堂与影星们同堂美发。

电影公司与美发厅合作,这在当时是常有的事。有些经济实力较弱的电影公司因剧情人物的发展需要到美发厅理发烫发,也会花钱让演员去美发厅,但只是让剧中的几个主角去美发厅烫发定型,一般的非主角演员就在剧组中自行处理发型。还有一些电影公司为了控制支出,没有长期固定的美发美容师,拍电影时根据自己的需要不定时地雇用几个理发师和美容师,等电影拍完了就把美发美容师辞掉。

30 年代著名大影星袁丛美梳理"三七式"发型

电影公司与美发美容厅之间的关系，是彼此互补的。电影中的人物需要通过美发美容师的一番装扮，方能适合剧中人物的历史背景。电影的发展正是这样促进着美发美容业的发展。

明星与美发师

30 年代的电影明星及艺人都是上海一些高档美发厅、美发公司的老顾客，美发厅（公司）设计出的各类新潮发型，影星们最先接受，他们是新潮发型的追求者，也是新潮发型流行的引领者。影星爱美离不开美发厅（公司），美发厅（公司）推出漂亮新发型需要影星"发布"，他们是生活中流动的"美发模特"，漂亮的发型在影星的头上出现，就会有人去仿照，梳理影星的发式，一旦"仿照"者增多，很快也就风靡流行。

影星到美发厅（公司）美发美容，都有一定选择性。在当时《上海工商汇编》记录的一千多家理发店中，大影星们选择去美发美容的理发店都是当时上海最有名气的几家大店，如南京路上的"新新"、静安寺路（今南京西路）"华安""南京"等几家大名店。这些名店规模大、环境好、技术力量雄厚，店堂内都设有贵宾室，服务周到，烫剪和梳理的发型漂亮，因而很受影星们的青睐。

胡蝶、阮玲玉、王人美、谈瑛、袁美云、黎莉莉、陶金、高占非、袁丛美等一批红影星烫发理发固定在"新新""华安"和"南京"这三大店。在这三大美发店中，新新美发厅与影星的关系最为密切。胡蝶、谈瑛、黎莉莉、陶金、高占非、袁丛美等都是"新新"最固定的"顾客",他(她)们外出娱乐、拍照、参加婚礼及过年都到新新美发厅理发烫发。影星阮玲玉、陈燕燕、徐来是华安美丽馆的常客。影星都很喜欢拍人像艺术照,南京路上当时有一些有名的照相馆要拍样照,就请他(她)们去做模特,他(她)们就到新新美发厅做发型。新新老板曾这样道:"当时放在南京路照相馆橱窗里的明星照片都很漂亮,而他(她)们漂亮的发型几乎都是由新新美发厅设计梳理。"

一位 20 世纪 30 年代初在新新美发厅工作的老职工曾介绍道:"当时新新每年春秋要搞两次新发型发布会,把最时尚的男女发型向社会推广,而每次发布会总是请一些文艺界的名人参加并主持,其中胡蝶、黎莉莉、陶金、高占非等多次参加新新的新发型发布会,而他(她)们也成了新新美发厅的发型模特,漂亮的发型照片被挂在新新的店堂墙上,供人选择。"

电影明星结婚,通常也都选择到新新、华安、南京等名店美发美容。1935 年 11 月 23 日,二十七岁的新娘胡蝶与新郎潘有声举行婚礼。胡蝶为了使自己在婚礼那天更加漂亮迷人,特意到新新美发厅梳理了一个非常漂亮的"云彩髻"发型,头发卷曲叠叠,发丝绞彩,整体造型高贵大气、自然娇美,再加上美容师为她化了一个"新娘彩妆",白嫩细腻的皮肤透着隐隐的红晕,更使胡蝶光彩美丽,风姿绰约。婚礼在九江路江西路路口的圣三一堂(红教堂,如今还在)举行。当天上午教堂门口的宾客和围观的影迷有两千多人,一派热闹的景象。新新美发厅当时专门派一名理发师和一名美容师"参加"她的婚

电影明星黎莉莉

礼,其实是全程为胡蝶服务的,由此可以看出当时美发厅与影星们之间的关系是多么的亲密。

在 20 世纪 30 年代里,新新美发厅、华安美丽馆、南京美发公司等先后为影星设计出的"满天星""横 S""长波浪""经理""飞机""派克""菲律宾""波浪反包"等发式一度风靡上海滩,使上海的许多有钱有身份的名人商贾慕名光顾,也使上海的理发业向更高的层次和艺术性方向发展和升华。

服装大老板与理发师

20 世纪 30 年代的上海广告行业已经很兴旺,这是因为大公司的老板懂得了促销和营销对扩大企业业务的作用,懂得了通过媒体宣传能提升企业形象,提高企业的知名度。一些大公司老板广告意识很强,专门请有名气的漂亮小姐作为企业形象代言人和产品宣传代理人。而要寻找到漂亮的小姐做形象代言人(当模特),对于一些大公司的老板来说并非易事,名门闺秀不可能干抛头露面的事,一般漂亮女性没表演技巧和高雅气质,唯有艺人才最适合做广告模特。

如何寻找到艺人,这是一些大公司老板深感为难之事,他们平时虽然看戏、看电影,但只是坐在台下观众席上,不可能同台上和银幕上的漂亮小姐相识,更何况那些漂亮女艺人都有"保护伞",谁都不好去"接近"。然而,在平时能直接接触到这些名艺人的就是理发师,而且高档理发店的名师和那些名艺人都是很好的朋友关系。一些大公司的老板也是那些高档理发店的常客,也和理发师建立了良好的朋友关系。于是,一些脑子灵活的大公司的老板就通过理发师与一些艺人牵上了线。

　　闻名上海服装业的鸿翔时装公司大老板金鸿翔为了扩大业务,于 1932 年在今南京路 750 号开设了鸿翔公司分号。他是新新美发厅的老顾客(那时新新店堂内有五部手推移动电话,便于老板理发时可随时打电话联系业务)。当时新新有一个名叫王定喜的男式发型大师傅,他的剃刀功、剪刀功和吹风功非常棒,吹出的男子"老板式"和"飞机式"发型非常气派漂亮,一些电影男明星和大老板都喜欢他理发吹风,金鸿翔也成了他的老顾客。1935 年春,金鸿翔为了扩大生意要搞一次"鸿翔公司春季时装发布会",需要请一些名媛佳丽做模特出席发布会。金老板想起他去新新美发厅理发吹风时,常看到影星胡蝶、黎莉莉等大美人进进出出,就请理发师王定喜介绍他同她们认识。王定喜答应会为其想办法。但是,王定喜是专做男子发型的,不直接为女明星理发,他就同新新专做女式发型并以擅长梳理"波浪式"和"盘发"的大师傅董朝正、俞进卿、范正源三位同事(胡蝶等女明星都是他们三人的固定老客人)商量。三人二话不说一口答应。当胡蝶等影星来新新理发时,理发师们把鸿翔开时装发布会之事告诉了她们。她们毫不犹豫地答应愿为一个有名的大品牌"出头"。她们还把周璇、阮玲玉等一同"拉上",形成"明星阵容"。

　　鸿翔金老板获得明星"加盟",非常高兴。他把这些明星请到鸿翔为她们每人量身定做各式各样的服装,并有言在先,出席发布会后服装全部归她们，还给予高额出场酬劳。

发布会定在星期天下午于鸿翔公司门前举行。那天上午所有美女明星在新新美发厅美发化妆（当时鸿翔与新新公司较近），有的梳长"波浪"、有的梳"满天星"、有的梳"高髻"……个个都美丽如花。在下午发布会开始时，当美女们穿着鸿翔为她们定做的色彩艳丽的旗袍在台上舞步翩翩时，那婀娜多姿的身材、漂亮的脸蛋及浑身散发的热情奔放的神采，无不让人感到她们像是从天而降的美丽天使，引得路人驻足围观，把"鸿翔"围得水泄不通。

鸿翔金老板为了留住这一"美丽辉煌"时刻，特请南京路上闻名上海的王开照相馆和沪江照相馆摄影师到现场拍照。事后，"鸿翔"金老板把穿鸿翔时装的美女明星照片放大，挂在店堂里，并登在报纸杂志上做广告宣传；照相馆和理发店则把照片放大后放橱窗内或挂在店堂墙上，以此吸引顾客。电影公司和一些广告公司则把照片做成明信片出售。

"鸿翔"通过发布会活动进一步提高了品牌的知名度，同时也与美女明星们建立起了良好的关系。1935 年 5 月，胡蝶结婚穿的婚礼服装就是在"鸿翔"定制的。此后别的女影星结婚的礼服也都到"鸿翔"定制。

棉布大王与理发师

20 世纪 30 年代的上海还云集了各大产业大王，有棉花大王、钢铁大王、五金大王及棉布大王。这些大王都是一些大官僚、大军阀的后人，财力雄厚，而且不少人还是留过洋的海归派，文化素养高，有经营头脑。在这些产业大王中有一个姓陈的棉布大王，长得人高马大，是个山东人，一脸大胡须。陈老板在山东的棉布生意做得很大，为了扩大市场，他通过在上海做五金生意的堂兄在南京路开了个分公司，还在英法两个租界里租了几个铺面专卖他生产的丽华牌印花布。分公司办事处设在新新公司的客房里，因此他三天两头到新新美发厅洗头剃须。

当时新新美发厅有一个山东人，他是专做男子发型的大师傅，名叫姜双贵，擅长剃平顶头和刮大胡子。他剃出的平顶头圆轮饱满，后型头发如细沙打过一样均匀；刮过胡须的脸干干净净，连棉花也粘不住，人说像剥了壳的鸡蛋。棉布大王陈老板是他的老顾客，再加之都是山东籍人，更有他乡遇故人的亲切感。

这位棉布大王陈老板为了拓展产品销售业务，打响品牌知名度，也想请明星做他产品的形象代言人。他通过新新理发师老朋友、老同乡姜双贵牵线搭桥，通过一番利益沟通，新新美发师为陈老板邀请了当时曲艺界、戏剧界的名角，为他的产品当模特、做宣传。

棉布大王陈老板是一个非常聪明精干之人，他不请电影演员，专请曲艺、说书、歌女等行当的美女，自有他的道理，因为电影明星不可能穿自己公司的服装拍电影，所以广告效应不大，而曲艺、说书演员及歌女可以身穿其公司生产的丽华牌印花布做成的服装作为演出服上台表演，这样的真人秀的效果又好又大。此外，把美女们穿着丽华牌印花布、梳着漂亮发型在舞台上表演的迷人姿态拍下来登在杂志上做广告,再做成明信片在戏院、书场、舞厅等娱乐场所散发,其效果更好。

精明的陈老板还同新新美发厅老板商量,希望能在美发厅里为他做宣传广告。而同样精明的新新美发厅老板要求陈老板在宣传其产品的明信片的背后印上"发型由新新设计"的字样。陈老板爽快答应。就这样,两个不同的行业联起手来。

20 世纪 30 年代,上海街头流行着各种带有企业广告宣传的明信片,那些明信片有影星胡蝶香皂工厂、阴丹士林色布品牌、广生行化妆品牌、染炼厂、大美香烟公司等等。明信片上的人物个个都是穿着漂亮衣服的美女,有电影明星、曲艺名角等。她们或烫着漂亮时尚的"波浪式"发型,或梳理着漂亮的发髻,或吹风梳理中长"卷曲式"等各种新潮发型,而明信片上这些美女的漂亮发型无形中为整个理发业做了一种广告宣传,也让人在无形中接受了一种爱美的灌输——要漂亮请到理发店。

九

不同年代的华洋男女发型

不同年代的发型,反映了社会不同时期的政治、经济、文化的特征。发型的变化,呈现了社会的政治、文化的变迁,以及人们的审美观的改变与升华。

不同年代的发型,更是一个时代和一种社会的综合写照。

剃发蓄辫史的由来

自从清军入关之后,清朝统治者为了彻底从精神上征服汉人,把剃发作为一种表示归顺清朝的标志,不惜以杀头相要挟,要求所有汉人都必须剃发,口号是:"留头不留发,留发不留头。"

面对这样的口号,汉人当然无法接受。身体发肤,受之父母,不可损也。汉人中的骁勇之人奋起反抗,口号是:"宁为束发鬼,不做剃头人。"

汉人的反抗斗争异常激烈,清统治者的镇压极其残酷。在一场场反抗与镇压的厮杀中,上演了一幕幕惨不忍睹的历史惨剧。在凶残的屠刀下,手无寸铁的汉族平民只能剃发蓄辫,一直到辛亥革命后这一强制性要求才被废除。

晚清时的男子发型特点

晚清时期的男子发型都是千篇一律的长辫子。有钱的男子把剃头师傅请到家里理发,男子坐在椅子上抽着水烟,剃头师傅为男子

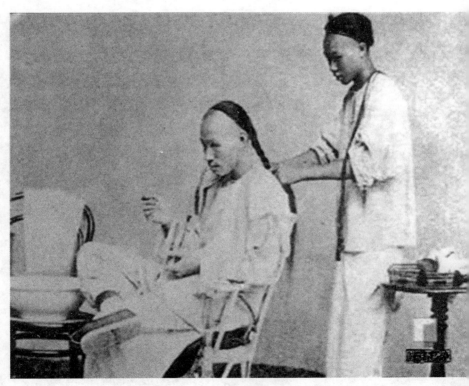

剃头师傅在有钱人家里为人剃头编辫

剃去额前上部头发,再洗头除去头部与头发上的油腻,然后用毛巾把头发擦干净,随后从后脑勺把头发一股一股地编成一根又大又粗的长辫子。

晚清男子的发型不能称之为"型",辫子只能等同一根绳,曾被洋人视为愚昧、落后与丑陋的象征。

晚清时期的男子发型

辛亥革命前留着长辫的中国画家

晚清时的女子发型特点

晚清时的女子发型以无缝反包式为主,就是把额前的头发全部往后脑勺梳,或是中间开头缝往两侧梳,前面没有一丝刘海,整个额头都光秃秃的。头后部的头发或是梳理成扁髻贴在后脑勺,或是编成两条羊角辫。有一张拍摄于辛亥革命前的理发照片,照片上坐在凳子上手拿一块圆镜子的是一个有钱人家的贵夫人,一个梳头娘姨正在为贵夫人梳理着发型。此刻贵夫人的头发已基本成型。这是一种传统的扁圆髻发型,就是把头发分股分绺地往脑后盘或往脑后束,脸部两侧的头发也都往上梳。

晚清时的女性发型几乎千篇一律都是那种额前不留一丝头发的"反包式",一些追求时尚的美女艺人最多梳理一种"中分式反包"发型。那时的女性受封建思想影响非常保守,只有剃头梳头,没有美发一说。

早期上海洋人男子的发型

1843 年上海开埠,之后随着英法美租界的形成与扩大,西方洋人开始逐渐涌入上海,租界内出现了洋人开设的理发店。

租界内的洋人是生活在中国领土上不受中国政府管辖的"国中

早期有钱人家小姐由专门梳头娘姨上门服务

"反包式"发型

20世纪初的佳丽闺秀的打扮

之国"的居民,因而洋男人无须像中国男人那样剃发蓄辫。那时候的洋人男子梳理的都是中短发型,发式的造型多种多样。

卷曲式发型以中短发为主,把卷曲的头发梳理成一卷卷,形态饱

"卷曲式"发型

满,形成一种立体感,富有大自然中的烟云似的美感,大气俊美。

三七开波纹式发型是一种短发型,从头顶部的右边梳出一条头缝,以头缝为中心把头发朝两侧略向后梳理,发梢微后翘,给人的感觉简洁、英俊。

"三七开波纹式"发型

　　四六开波浪式发型的特点是从头顶部的左边以四六开缝，前右部的头发全部往后右侧梳理成波纹状，左边头发往下梳理与脸部的大胡须连成一体，使男子更具有阳刚之气和绅士气质。

"四六开波浪式"发型

反包式发型，这种发型简单，便于自己梳理，只要把头发全部往后梳理，额前的头发根部略梳理饱满一些即可，给人一种自然与清爽感。

"反包式"发型

"反包式"发型

中分式发型以中间开缝为主，两边头发对称向两侧梳理，前面头发根部略梳高一点，形成饱满感，从而增添立体感，给人一种洒脱大方的美感。

"中分式"发型

早期上海洋人女子的发型

早期生活在上海租界里的洋人女子的发型，有一定的美感和独特的风采。她们的发型讲究造型和艺术性，很富有创造力和想象力。

卷朵式发型，在梳理时先把头发分成一股一股的，之后再梳理成一条条横向的油条形，从上而下，像卷起的浪朵，造型很美，显得特别高贵。另一种卷朵式发型是把卷曲的头发梳理成一朵朵云烟状，整个头部的头发犹如绽放的花朵，有春花吐艳的娇美之感。

盘髻式发型，梳理方法主要靠盘与编来完成，就是先把头发分成多股，随后根据人的脸型与头型特点，一绺一绺地从上盘到下。在盘的过程中要环环相扣，每一绺头发都要盘出形状与花式，层层叠叠形成一种漂亮的发型。盘发过程中有的则是先把头发编成多条小辫，之后再把一条条小辫或束或盘在头上，形成干净利索和漂亮的发型。

反包式发型的特点就是把头发全部往后梳，额前不留刘海，前面部分的头发用火夹子夹出波浪状，使发型增添一些艺术的美感。这种发型的特点是干净、自然、大方，便于梳理。

女子"卷朵式"发型

九　不同年代的华洋男女发型

女子"卷朵式"发型

女子"盘髻式"发型

女子"盘髻式"发型

女子"盘髻式"发型

发式百变

女子"反包式"发型

女子"反包式"发型

九　不同年代的华洋男女发型

20年代男女发型特点

20世纪20年代,随着西风东渐,国人的思想与文化出现了变化,审美与对美的追求逐渐崇尚西化,尤其是男女的发型变化最大,国人喜欢修剪和梳理西洋发型,以美为第一选择。

20世纪20年代的男子发型,主要流行"三七开式"与"反包式"发型。

三七开发型的特点:把修理整齐的头发开缝朝两侧梳理,不留刘海。这种发型看上去干净清爽、简洁自然,便于自己梳理。如果再在头发上抹些发油会显得润滑光泽,使整个发型更加富有美感。

反包式发型的特点:把修理整齐的头发全部往后梳理,不开缝,不留刘海,使人在视觉上干净利落、简洁、轻便,便于自己梳理。这种发型虽不华美,但是非常大气,曾经在上海风靡一时。

20世纪20年代初的女子发型,主要流行"刘海式"发型与"一刀齐式"发型。

刘海式发型的特点:把头前部的头发剪至齐眉,然后朝前梳,使额前留有头发,遮住前额头。这种发型会使人显得文静、年轻。

一刀齐发型的特点:把原有的长发剪短至齐两耳根,后部与两鬓头发一样整齐,头顶不开缝朝两侧梳。这种发型轻便、文气、清新,曾风行一时,很受青年女性青睐。

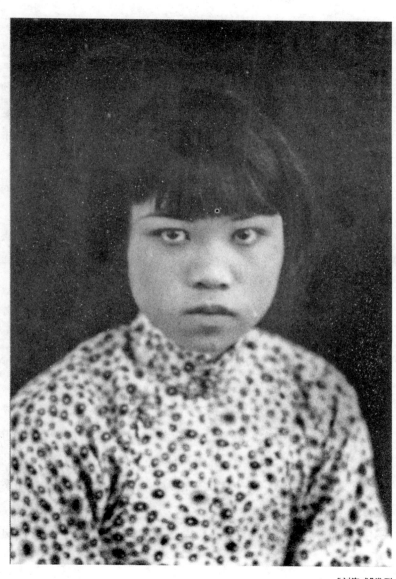

九　不同年代的华洋男女发型

"刘海式"发型

30年代男女发型特点

20世纪30年代的上海歌舞升平、风花雪月、繁华热闹、西风劲吹。那时的男男女女都追求西洋的穿着打扮,各种各样的西式发型,如"波浪式""云花式""卷曲式""水纹式""满天星式"等流行于街头。

20世纪30年代上海男子流行发型的特点是多种多样,最具代表性的有四种:

第一种,男子"清丝反包式"发型。特点:用吹风把头发一层层地往后吹,发根部必须吹得挺起,整个轮廓要吹出一道波浪状。这样的发式造型给人一种大气、利索及俊美感,富有男子的魅力。

第二种,男子"中分式反包式"发型。特点:把头顶部的头发分出一条中间头缝,然后用吹风把头缝吹固定,随后再一层层地把头发从左右略带两侧地往后梳理,发根挺起带有弹性,形成饱满感。这种发型轻便、自然、圆润,富有男子的洒脱感。

第三种,男子"三七水纹式"发型。特点:在头顶部开一条缝(又称头路),随后用吹风把头发一层层地往两边吹,并要吹出一道道浅浅的水纹形状,使发型显露出一种如同河面被风吹拂后出现的波纹状,很有艺术感。这种发式被称为典型的西洋发型,富有动态之美。

第四种,男子"派克式"发型。特点:注重吹风造型,把头发吹风

20世纪30年代著名影帝金焰梳理的"反包式"发型

梳理出一道深而曲的大波浪状,而且波浪的前部分发根要高高挺起,随后从上至下再吹风梳理出一道道起伏的波浪,使整个发型充满立体感,给人一种浪漫、奔放、高贵之感。

20世纪30年代女子流行的发型更是百花盛开,美不胜收。那时最流行的有"波浪式"发型、"云花式"发型、"卷曲式"发型及"大童花式"发型等,这些发型各具视觉美感,各有不同特点。

女子"波浪式"发型有三种形状:长、中、短。根据头发层次的长短分成大波浪发型、中长波浪发型和小波浪发型。这类发型的创意来源于江河湖海的水面起伏与涌动所产生的波纹或波浪,也来源于麦子在劲风吹拂下起伏形成的麦浪,很富有气势和动感之美。

女子"云花式"发型是根据天上的一朵朵云花创新设计而成,它把天空中的云雾之美提炼、运用到美发创意之中,这是一种理发艺术的升华,女子梳理这种卷曲如云花的发型,显得柔美而又优雅。

女子"卷曲式"发型的特点:头发蓬松,发丝卷中带曲,曲中带直,没有波浪,但有一道道弯弯曲曲的形状。这类发型奔放、野性,同时又有一种浪漫感。

女子"童花式"发型的特点:注重修剪额前部头发,把前面的头发剪至同双眉齐平(太长遮眼影响视觉,太短没有美感),之后前面的头发向前梳理遮住额头部位,给人一种自然、典雅和年轻的美感。

"云花式"发型

九　不同年代的华洋男女发型

谈瑛梳理的"卷曲式"发型

"童花式"发型

九　不同年代的华洋男女发型

30年代男女儿童发型特点

20世纪30年代的小男孩和小女孩的发型也是多种多样,有的发型看上去活泼可爱,有的发型看上去少年老成,有的发型看上去天真无邪,有的发型童趣十足。总之,给人一种可爱之感。

三七式发型,那时也称作"小分头"发型,头发上面再抹些理发专用的头油,使发型光泽油亮,平服自然,给人一种成年人的浪漫感,活像一个小大人,非常可爱。

反包式发型,那时又称"大包头"发型,是把全部头发往后梳理,额前不留一丝刘海,采用吹风定型,随后再在头发上抹些头油,使整个发型油亮光泽,轮廓饱满,给人一种少年老成的成熟感。

中分式发型,那时也称"大分头"发型,是中间开缝,头顶部的头发朝两边梳,中间头发的根部靠吹风定型,再抹上头油使头发丝油黑光亮,自然顺服,给人一种少年俊美之感。

童花式发型,这种发式也被叫作"大童花式"发型,是把额前部的头发剪至齐眉,再整齐前梳,发遮前额。这类发型文静、甜美,深受小孩青睐。

小波浪式发型,照片上的小女孩梳理了一个漂亮的波浪式发型,这是采用火烫而成的发型,其方法是通过火夹对头发一层层地夹出浅浅的水纹状,故被叫作"小波浪发型"。小女孩梳理这种发型,给人一种小大人的可爱感。

"小波浪式"发型

40年代女子发型特点

20世纪40年代，上海的女子发型出现了新变化。在流行长波浪的基础上，又开始流行盘发和束发，其中最具代表性的发型为"高髻式"和"油条式"两种，当时不少电影明星、名媛佳丽和大家闺秀特别喜欢梳此类发型。

卷圈高髻式发型是先把头发盘成椭圆空洞形状吹干，之后把头发梳理出长波浪，再分成多绺从上往下盘，并根据头发波纹的流向顺势叠加，盘出艺术化造型。这类发型的最大特点是立体感强，给人的感觉是精干、明快、漂亮。

油条式发型是把头部后面的头发竖盘成一根根油条状，再经吹风机吹干使头发具有弹力，随后精心梳理而成。梳理这类发型难度很大，必须要梳、盘、束相结合，更需要技术与艺术相结合，这种发型有一种高贵和华美之感。

20世纪40年代流行的露耳长波浪发型曾是美国好莱坞美女明星最爱的时尚发型。这种发型是先把头发梳理出长波浪，随后把波浪的两侧头发梢朝里卷，再用夹子夹住不外移，这样使双耳露在头发外，给人干净、利索、大气及潇洒之感。当时，这种发型也被叫作"好莱坞"发型，曾一度风靡全国。

陈云裳梳理的"卷圈高髻式"发型

"卷圈高髻式"发型

"油条式"发型

"油条式"发型

"露耳长波浪"发型

"露耳长波浪"发型

十

一部电影引发理发业
一场大风波

电影主题内容以幽默为主

几个理发小镜头引发风波

为引关注大做影片广告

电影公司邀理发业代表看影片，双方不欢而散

两大理发组织商讨抵制影片对策

互不相让矛盾激化

众理发师包围大光明电影院

电影作为市民文化生活很受人们的喜欢。但一部电影因内容的不当,也会引起风波,给社会带来不安。1947 年夏,由上海文华电影公司摄制的喜剧片《假凤虚凰》,曾在上海等城市的理发行业中引发了一场非常大的风波。

电影主题内容以幽默为主

这部《假凤虚凰》电影的主题内容:一家大公司老板张一卿冒险投机失败,身无分文,身价一落千丈,面对债主讨要,四处躲藏,在走投无路之际,忽见一张报上刊载华侨富商之女范如华征婚启事。破产老板张一卿计上心来,就诱使"时代理发店"一表人才的三号服务员杨小毛冒名代其应征,以此骗取对方巨资挽救破产公司。杨小毛又请七号理发师以秘书长身份陪同前往。范如华原为年轻寡妇,有一男孩,丈夫去世后使她经济拮据,为了贪图富裕生活,想出了通过征婚寻找有钱男人。在众多应征者中,她选中了英俊大气的杨小毛。男女双方在相见、相谈时都忐忑不安,生怕露出一丝破绽。好在初次相见都未露破绽,他们顺利订婚。但因女方急于交房租,意欲早日结婚。男方也因要偿还债款,东山再起,同意早日结婚。

然而,在结婚当天,男女双方都发现对方假身份,彼此关系破裂,互骂对方是不要脸的骗子,婚礼告吹。范如华遭此打击非常懊丧,但她不死心,又从应征者中觅得一个当官发大财的老头子周友棠,但心又不愿。故事最后是寡妇范如华和理发店三号服务员杨小毛都从现实中觉悟过来,面对现实,放下假面具结成夫妻。婚后夫妇俩一起在理发馆工作。

几个理发小镜头引发风波

《假凤虚凰》影片把城市小市民生活生动地表现了出来,特别是男主角石挥被誉为"话剧皇帝",他是中国电影史上"演技最好"的演员。他以出色的喜剧表演才能把影片三号理发师杨小毛(简称"三号")演得非常逼真而令人捧腹大笑。他在冒充富商同女方接触时,怕露出马脚,在女主角家将香烟夹在耳朵上。在饭店里,他把餐巾当成了理发店的围布,围在女人的身上等,幽默的情景令人叫绝。而由20世纪40年代红明星李丽华扮演的女主角范如华是个爱享受的寡妇,她在影片中冒充华侨富女时也破绽百出,令人大笑。应该讲,整部影片没有任何社会倾向性的问题,只是多了点卓别林滑稽片的创意,因此一炮打红,获得不错的票房收入。但是由于有"贬低"理发师的镜头而遭到上海理发业的强烈抗议。

为引关注大做影片广告

1947年夏,上海文华电影公司为了抢占电影市场,振兴衰退的电影业,使《假凤虚凰》新影片在影迷中引起关注和重视,提高票房率,争取利益最大化,经股东们反复讨论和协商,决定花巨资在重要媒体上大做广告宣传,使这部电影在未公映前就在上海乃至全国家喻户晓,达到一炮而红的最佳效果。

文华电影公司不惜下血本,先后在上海《申报》和上海《新闻报》等大型媒体上登载《假凤虚凰》电影广告。其中在《新闻报》上连续做广告长达半个月,而且在同一个版面最醒目的左右上方各做两个不同版本的广告(也就是一天里在同一张报纸的同一个版面做两个电影广告),这样的投入花费极大,从而也真正起到了吸引人眼球的好效果。广告中这样写道:"《假凤虚凰》千呼万唤,有劳看客久等!"这种用词分明是在"吊人口味",使影迷纷纷关注和企盼该电影的早日放映。

电影公司邀理发业代表看影片,双方不欢而散

由于《假凤虚凰》中有几个镜头被视为有贬低和丑化理发师的意味,文华电影公司为了防止在上海理发业中引起风波,就放下身段,特邀上海市理发业同业公会(理发店老板公会)、上海市理发业职业

工会(理发业职工工会)及上海市扬州七邑同乡会三家团体组织派代表观看《假凤虚凰》喜剧片。

1947年6月16日下午,上海两大理发业组织和扬州七邑同乡会各派出十名代表,来到上海大光明电影院试看喜剧片《假凤虚凰》。影片中的三号理发师脚上穿了一双黄黑皮鞋、将烟头放在耳朵上及口袋里、跪地求婚、穿理发工作服到当铺押衣服等场景,让理发业的代表们看了很不满意,认为这是在贬低和丑化理发师。

看完影片后,两大理发组织的代表当即向文华电影公司提出删剪一些"贬低"与"丑化"理发师的几个场景,在没有删剪前停止公开放映。而文华电影公司的代表对理发业代表提出要求删剪几个场景表示不能接受,认为喜剧片以幽默为主,影片中的三号理发师在影片中的表演只是起到插科打诨的作用,不存在有贬低和丑化理发师之意。

彼此看法不一,最后双方在互不退让的情况下不欢而散。

两大理发组织商讨抵制影片对策

理发业两大组织代表满怀愤怒之情回到各自的大本营,并立即连夜开会,商讨抵制文华电影公司新片《假凤虚凰》公映的方法。

晚上,在上海龙门路109号上海市理发同业公会的总部里,理事长王震川向三十多位理事讲述了白天看的《假凤虚凰》电影中的那些贬低和丑化理发师的有关场景。他把这些场景视为不堪入目,使在座的理事听后个个义愤填膺,纷纷表示文华电影公司必须要对影片中有辱行业的场景删剪,否则坚决抵制该影片公映,造成的后果由电影公司自负。

理发业同业公会达成了一致共识——坚决抵制《假凤虚凰》公映。

在上海普安路尚德里 13 号上海市理发业职业工会总部,理事长丁元汉也在组织有关人员讨论如何抵制这部贬低和丑化理发师的《假凤虚凰》喜剧电影。在他们看来,这部电影是一部"闹剧",是要同理发师对着干——恶意污辱理发师。

与会者一致表示要坚决抵制该影片公开放映,不达目的决不罢休。

第二天,理发业的同业公会与职业工会的理事长及部分理事一同来到上海扬州七邑同乡会所在地,共同商讨对策抵制《假凤虚凰》公映。

两大理发组织经过反复商量和研究后,做出以下决定:一、文华电影公司必须对影片中贬低丑化理发师的场景做剪除;二、在对部分场景剪除后,需经理发业两大组织再次试看通过后方可公映;三、文华电影公司要对影片中有辱理发师场景的出现,向全体理发业同仁道歉。

互不相让矛盾激化

发式百变

然而,文华电影公司并没有把两大理发组织代表提的要求当回事,并决定在同年 7 月 11 日邀请上海各界人士试看,以此扩大影响。

两大理发业公(工)会得知消息后,一起同文华电影公司进行交涉。在交涉中,文华电影公司认为请了理发业代表看了电影之后就算获得通过,允许放映。而理发代表认为这是无稽之谈,在影片没有删剪前不可放映,双方寸步不让。

结果是再一次不欢而散,双方由此开始矛盾激化。理发业两大公(工)会再次合作商讨对策,并决定以书面形式致函文华电影公司,以示坚决抗争之心不动摇。同时,他们也致函上海市社会局,要求政府部门出面干涉此事。然而,一切的努力都是竹篮打水一场空。

文华电影公司依旧我行我素,该怎么干还是怎么干,坚持对影片不做删剪,在大光明电影院邀请社会各界人士观看,日期时间不变。

理发业同仁对此愤怒之极,深感对方大有轻视之意,一致认为要给文华电影公司点颜色看,要让对方知道理发师是不可欺不可辱的!

一场风暴不可避免地将会到来。

众理发师包围大光明电影院

1947 年 7 月 11 日上午,文华电影公司新片《假凤虚凰》在大光明电影院以试映形式上映。然而,令人意想不到的是,一大早就有近千人把大光明电影院围得水泄不通,许多人手里还拿着标语,上面写着各种抵制《假凤虚凰》的口号,这是上海理发业两大公(工)会组织对文华电影公司的抵制。当文华电影公司邀请的嘉宾陆续来到大光明看电影时，他们却被理发师"纠察队"挡在了电影院的大门外。但是这样一个大动作当即引起部分兴致勃勃的观众的不满和愤怒，由此双方发生了冲突，现场一片混乱，有人被殴打致伤，最后警察局派人来维持现场才平息了风波。

理发业的抗议风波爆发后，引起了上海当局的关注。在上海社会局的调解下，文华公司做出了妥协，同意对《假凤虚凰》电影中几个场景做删剪。到 8 月 21 日，《假凤虚凰》在做了删剪后，正式在上海、南京、无锡、常州等城市的各大戏院公映。

有报纸刊登文说，该片"一波三折、千呼万唤、有劳观众等待"。由此更加吸引了大批影迷，仅在上海，《假凤虚凰》连续放映了两个多月，并出现万人空巷的情景。